ちくま学芸文庫

乱数

伏見正則

筑摩書房

はしがき

“乱数”という言葉は，本来はサイコロを振って出る目の数のようなものを意味する．実際，正二十面体の各面に0から9までの数字を記入した“乱数サイ”と称するものも市販されていて，小規模の実験ならば，これを使って乱数を作り出すことができる．しかし，乱数を何十万個も必要とするような実験をサイコロを振って行うことは現実的でない．これに代るものとして，国勢調査報告書の中から数字を抜き出したり，特別な装置を作って乱数を発生させ，これを記録した“乱数表”を作っておいて利用するなどの方法もとられたことがあるが，これもあまり便利な方法とは言えない．

電子計算機を使って乱数らしきもの（擬似乱数）を多量に作り出そうとする試みは，計算機の発明者フォン・ノイマン自身によって，計算機の誕生後まもなく始められた．計算機で数列を作る以上，それはプログラムに従って作るわけであり，したがって次に出る数はプログラムによって完全にきまってしまう．サイコロの目は，白河法皇にとってすら“意の如くならざるもの”，すなわち“予測不能”なものであるから，この点で真の乱数と擬似乱数とは大きく違う．しかし，多くの実験にとってはこの違いは問題にならず，数の頻度分布の“一様性”だけが満たされていれば十分である．そして，ある程度の一様性を満たす数列ならば計算機で作り出すことが可能であり，そのような数列をふつう一様乱数列あるいは単に乱数列と呼んでいる．

本書は，このような意味での乱数列の作り方，それを変換して各種の分布に従う乱数列を作る方法，および乱数列の統計的検定法について述べたものである．第1章では一様乱数の生成法について述べた．この分野では，線形合同法が過去約40年にわたって使われてきた．その性質もほぼ完全に解明されていて，多くの成書に述べられている．そこで本書では，現時点で比較的重要と思われる結果だけを記すにとどめた．線形合同法は簡便な方法ではあるが，多次元で一様分布をする点列を作り出すのに向かず，またきわめて多量の乱数を必要とする実験にも不向きであるという理由によって，その他の乱数生成法もいろいろ提案されてきている．本書では，その中で性質が比較的よく解明されているM系列を用いる方法を取り上げた．これについては，他の書物にはほとんど満足すべき記述がないので，かなり詳しく述べた．

第2章は，一様乱数列から他の乱数列への変換法を扱っている．このテーマに関して発表されている論文は膨大な数に上る．一つの分布だけに注目しても，それに対する変換法が次々と提案されてくる．新しい方法が提案されるときには，旧来の方法よりも速いと主張されるのがふつうである．しかし，速さは使用する計算機やプログラム言語，プログラムの作り方によっても大きく影響されるので，絶対的な評価は困難である．一方では，速い方法は遅い方法よりも複雑であり，プログラムの完成までに時間がかかることも多い．そこで本書では，手っとり早く実験をしたいという読者の便宜を考えて，速さだけを重視しないで，比較的単純な（したがってやや古い）方法を主として取り上げた．最新の提案については，巻末の文献を参照していただきたい．

第3章は，乱数列の統計的検定に関する話題を扱っている．検定法についても数多くの提案があるが，よく使われているものをいくつか述べたに過ぎない．各種の検定法の間の関連や，どれだけの検定をしてどのような結果が得られればよいかというごく自然な疑問に対する満足すべき解答はまだ得られていない．“乱数列とはそもそも何なのか？”という哲学的な疑問も多くの人々が抱くところである．これに対しては，コルモゴロフの発表した論文がきっかけとなっていくつかの研究結果が発表されたが，このような研究と本書で扱っている実用的な乱数の構成法とはほとんどまったく関係がない．本書ではこの話題は割愛せざるを得なかったが，興味を持たれる読者のために巻末にいくつか文献を挙げておいた．

編集委員の先生方から本書の執筆をお薦めいただいてから思いがけず長い年月が経ってしまった．執筆の遅れの主な理由は，第1章で述べたM系列を用いる方法について世の中で言われていることに種々の疑問を抱き，これを解明するのに時日を要したことと，第2章で取り上げるべき変換法の取捨選択に迷ったことである．第一の点については，筆者としては一応の解明ができたと考え，また第二の点については，前述のように速さよりも簡潔さを重視するという方針を採ることにきめることによって，ようやっと執筆を始めることができた．そして昨年11月に西ドイツのLambrechtで開かれた乱数に関するワークショップに出席する直前に脱稿することができた．（さもなければ，再び新しい成果を取り入れたくなり，出版がさらに遅れることになってしまったであろう．）

本書の出版に関しては，多くの方々のお世話になった．本書をこの選書に加えていただいたのは編集委員の先生方のご好意によるものであり，特に伊理正夫教授には日頃からのご指導に加えて本書の内容についても御助言をいただいた．もっとも，筆者の力が及ばず，御助言を十分に生かすことができなかったのが残念であるが．慶應義塾大学の渋谷政昭教授には，研究集会の席上等で種々御教示をいただいた．特に，1983年に京都大学数理解析研究所における「乱数プログラム・パッケージ」に関する研究集会に参加させていただいたことは，大変に有意義であった．熊本大学の柏木濶教授は，昭和59～60年度文部省科学研究費補助金による総合研究「M系列を用いる乱数発生の研究」の代表者として数多くの研究集会を企画してくださった．これに参加して，同教授および参加者から教えられることが多かった．第1章のM系列を用いる方法については，東京大学工学部計数工学科の学生であった手塚集（現在IBM東京基礎研），斎藤隆文（NTT），今井徹（東芝）の諸君の貢献によるところが多い．東京大学出版会の小池美樹彦氏は，遅筆の筆者を長年にわたって励まし，脱稿にこぎつけさせて下さった．菅野由美子さんには，原稿の整理等で大変にお世話になった．御二人の御協力がなかったら，本書の出版は後何年遅れていたかわからない．以上の方々に心から感謝の意を表したい．

1989年2月

著　者

目　次

乱　数

第1章　一様乱数の生成

1　合同法乱数

一様乱数列の生成法として今日までもっとも広く使われてきたのは，レーマー（Lehmer）が1948年頃に発表した線形合同法（linear congruential method）であろう．これは，漸化式

$$X_n = aX_{n-1} + c \qquad (\mathrm{mod}\ M) \qquad (1.1)$$

を用いて非負整数列 $\langle X_n \rangle$ を生成するものである．区間 $[0, 1)$ 上の実数型乱数が必要な場合には，$x_n = X_n/M$ を使う．$c = 0$ の場合を乗算型合同法，$c \neq 0$ の場合を混合型合同法と呼ぶ．法（modulus）M および乗数 a の選択のしかたについては，長年にわたりさまざまな研究がされてきたが，現時点で重要と思われる事項は次のようなものであろう．

1.1　法 M の選択

(1.1)式によって生成される数列 $\langle X_n \rangle$ の周期は M よりは長くなりえない．したがって，M はかなり大きくとる必要がある．よく行われる選択は，使用する計算機（あ

るいはプログラム言語）で表現可能な最大の正整数 +1（すなわち，d 進法 e 桁なら，$M=d^e$）である．こうすると，剰余を求める演算（mod M）をわざわざ行わなくても，掛け算（および足し算）の結果オーバー・フローした部分を無視することによって自動的に所望の結果が得られるので，乱数1個を得るのに要する時間が短縮できるという利点もある．ただし，オーバー・フローが禁止されているシステムではうまくいかない．また，負の整数の内部表現に補数表示を採用しているシステム（最近では，多くのものがそうである）では，プログラム時に多少の注意が必要である．

$M=d^e$ とした場合には，$\langle X_n \rangle$ の下位の桁があまりランダムにならないという欠点がある．例えば $d=2$ の場合には，最下位のビットは0か1だけであって，周期は高々2である．また，下位2ビットの周期は高々4である，等々である．したがって，下位のビットを"切り分けて"使うようなことはしない方がよいが，そうでなければ，多くの応用では，下位のビットはあまり重要ではないので，$M=d^e$ としても特に問題はないであろう．

もう一つの M の選び方は，d^e より小さい最大の素数を採用することである．例えば，$d=2$，$e=32$ の場合には，$M=2^{31}-1$ がこれにあたる．このような選択の利点の一つは，$M=d^e$ を選んだ場合よりは下位のビットがランダムになることである．

1.2 乗数 $\boldsymbol{a}$ の選択

乗数 a $(0 < a < M)$ および加数 c $(0 \leqq c < M)$ は，$\langle X_n \rangle$ の周期がなるべく長く，かつ $\langle X_n \rangle$ ができるだけランダムになるように選ぶ必要があるが，なかでも a の選び方が重要である．まず，a の選び方と $\langle X_n \rangle$ の周期に関しては，次のことがわかっている．

定理 1.1 (1.1)式によって生成される数列 $\langle X_n \rangle$ が最長周期 M をもつための必要十分条件は，次の3条件がすべて成り立つことである．

i） c が M と互いに素である．

ii） $b = a - 1$ が，M を割り切るすべての素数の倍数である．

iii） M が4の倍数であれば，b も4の倍数である．

この定理により，$c = 0$ の乗算型合同法は最長周期 M を達成できない．しかし，それでも M が十分に大きければ，長い周期を得ることは可能である．また，c の値は，得られる数列のランダムネスに大きな影響を及ぼさない．そこで，以下では，特に断らない限り，$c = 0$ の場合のみを考えることとする．また，使用する計算機としては2進のものを想定する．

定理 1.2 乗算型合同法数列の周期に関して次のことが成り立つ．

i) $M=2^e$ ($e \geqq 4$) の場合，可能な最長周期は $M/4$ であり，これを達成できるのは，$a(\mathrm{mod}\ 8)=3$ または $a(\mathrm{mod}\ 8)=5$ で，X_0 が奇数のときに限られる．

ii) M が2より大きい素数 p に等しい場合，可能な最長周期は $p-1$ であり，これを達成できるのは，$X_0 \neq 0$ で，かつ $p-1$ の任意の素因数 q に対して

$$a^{(p-1)/q} \neq 1 \quad (\mathrm{mod}\ p)$$

が成り立つ場合に限られる．

この定理が示すように，世の中でよく使われている $M=2^e$ の乗算型合同法を使用する際には，初期値 X_0 として奇数を選ぶことが大切である．この場合，以後発生される X_n はすべて奇数であるが，周期が $M/2$ ではなくて $M/4$ であるから，すべての奇数が発生されるわけではない．実は，周期が $M/4$ の二つのサイクルがあり，X_0 の選び方によって，いずれか一方のサイクルが実現するのである．表1.1は，この関係を示したものである．

表1.1 $M=2^e$ の乗算型合同法によって発生される数

a	X_0	発生される数の集合
3 (mod 8)	1, 3 (mod 8)	$8i+1$ および $8i+3$ ($i=0, \cdots, 2^{e-3}-1$)
3 (mod 8)	5, 7 (mod 8)	$8i+5$ および $8i+7$ ($i=0, \cdots, 2^{e-3}-1$)
5 (mod 8)	1 (mod 4)	$4i+1$ ($i=0, \cdots, 2^{e-2}-1$)
5 (mod 8)	3 (mod 4)	$4i+3$ ($i=0, \cdots, 2^{e-2}-1$)

すでに述べた素数の法 $M=2^{31}-1$ を使う乗算型合同法では，乗数として

$$a=16807\ (=7^5),\ 630360016,\ 314159269$$

などが使われている．ただし，後に述べるように，$a=16807$ はランダムネスの観点から見ると必ずしも好ましくないようである（IBM360/370 系の計算機用の多くのプログラム・パッケージで使われているので注意を要する）．

1.3　多次元疎結晶構造

合同法乱数列を生成する漸化式(1.1)の次数は 1 である．すなわち，X_n は X_{n-1} によって定まってしまう．したがって，この数列の 1 周期の間には同一の数が現れることはない．この特徴が，数列のランダムネスに及ぼす影響を簡単な例で見てみよう．

$M=16$，$a=5$，$c=1$，$X_0=1$ とすると，(1.1)式によって発生される数列の 1 周期分は，1，6，15，…，3，0 となり，15（$=M-1$）以下のすべての非負整数がちょうど 1 回ずつ現れる．この数列のあい続く 2 個の要素を座標成分とする点列 $\langle \mathrm{P}_n(X_n,X_{n+1}); n=0,1,2,\cdots\rangle$ をプロットすると図 1.1 のようになる．プロットされた点の脇の数字は n の値を示している．点列全体がこのような“結晶構造”をなす理由は次のとおりである．点 P_0 が $(x,y)=(1,6)$ にくると，それ以降の点は直線 $x=1$ および $y=6$ の上にはけっしてこない．次の点 P_1

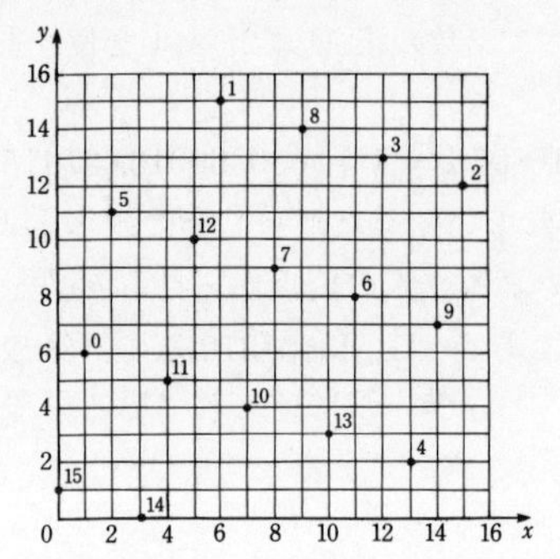

図 1.1 合同法乱数列の 2 次元疎結晶構造
$M=16,\ a=5,\ c=1,\ X_0=1.$

は $(x, y)=(6, 15)$ にくるので，それ以後は直線 $x=6$ および $y=15$ の上には点がのらない．以下同様であり，結局 $M^2=256$ 個の格子点のうち，規則的に並んだ 16 点以外には点 P_n がこないことになる．

演算を有限桁の精度で行う以上，生成される点列が結晶構造をなすのは当然であるが，その構造が疎であるところが問題であり，高次元空間になるほど点列の密度が疎になる．そこで，この性質は "多次元疎結晶構造" と呼ばれている．k 次元の場合には，M^k 個の格子点のうち高々 M 点にしか点列 P_n が配置されず，それらは $(k!M)^{1/k}$ 枚の等間隔に並んだ平行な $(k-1)$ 次元超平面の上にのってしまうことが知られている．表 1.2 は，この枚数の上界を示したものである．M が小さいほど，また k が大きい

表 1.2 合同法乱数によって生成される k 次元空間内の点をすべて含む $(k-1)$ 次元超平面の枚数の上界

M	$k=$ 3	4	5	6	7	8	9	10
2^{16}	73	35	23	19	19	15	14	13
2^{24}	465	141	72	47	36	30	26	23
2^{32}	2,953	566	220	120	80	60	48	41
2^{35}	5,907	952	333	170	108	78	61	51
2^{36}	7,442	1,133	383	191	119	85	66	54
2^{48}	119,086	9,065	2,021	766	391	240	167	126

表 1.3 合同法乱数によって生成される k 次元空間内の点をすべて含む超平面の最小枚数（$M=2^{31}$）

a	$k=$ 2	3	4	5	6
65,533	32,765	15	15	15	15
258,585,933	22,107	1,115	257	69	31
414,536,077	27,307	1,115	209	91	41

ほど，この枚数が少ないことがわかる．これらの数値は枚数の上界であり，実際の枚数はずっと少なくなってしまうことが多いことに注意する必要がある．表 1.3 は，$M=2^{31}$, $c=0$ として，いくつかの a の値に対して実際の枚数を計算した結果を示したものである．

1.4 スペクトル検定

高次元空間内の点列が平行な超平面上に並んでしまう

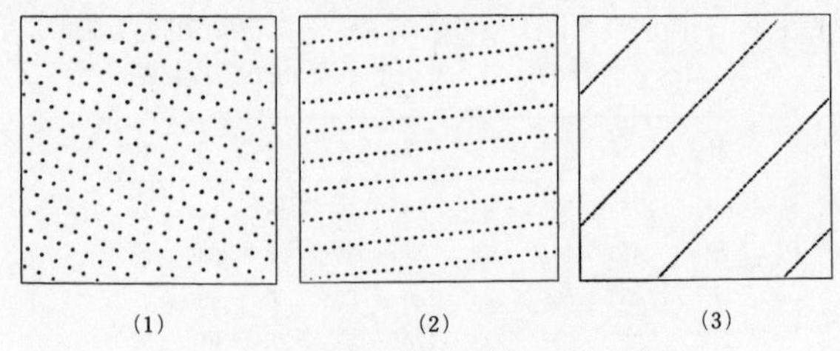

図1.2 合同法乱数列の種々の結晶構造
(1) $M=256,\ a=45,\ c=1.$
(2) $M=256,\ a=57,\ c=1.$
(3) $M=256,\ a=129,\ c=51.$

ことは避けられないにしても，これらの超平面の間隔が小さければ，実用上はさほど支障がないであろうと考えられる．簡単な例を示すと，図1.2の（1)〜(3）の中では，(1）が比較的好ましいであろうと考えられる．このような観点から，与えられた乗数aの良さを判定するためのアルゴリズムが初めCoveyou & MacPhersonによって提案され，スペクトル検定と名付けられた．スペクトルという名称は，点列の度数分布のフーリエ解析をするところから付けられたものである．彼らの考えの骨子は次のとおりである．

k次元超立方体内の格子点の集合

$$Q=\{\boldsymbol{u}=(u_1, u_2, \cdots, u_k)\mid u_j=0, 1, \cdots, M-1\ (1 \leqq j \leqq k)\} \quad (1.2)$$

を考える．Q 上の確率分布の確率関数（相対頻度を表す関数）を $f(\boldsymbol{u})$ とし，そのフーリエ変換を

$$T(\boldsymbol{s})=\sum_{u_1=0}^{M-1}\sum_{u_2=0}^{M-1}\cdots\sum_{u_k=0}^{M-1}\exp\left[-\frac{2\pi\mathrm{i}}{M}\boldsymbol{s}\cdot\boldsymbol{u}\right]f(\boldsymbol{u}) \tag{1.3}$$

とする．ただし，$\boldsymbol{s}\cdot\boldsymbol{u}$ は $\boldsymbol{s}=(s_1, s_2, \cdots, s_k)$ と $\boldsymbol{u}$ との内積 $s_1u_1+s_2u_2+\cdots+s_ku_k$ を表す．

まず，Q 上の理想的な一様分布に対しては，Q のすべての点で $f=M^{-k}$ であるから，$\boldsymbol{s}=\boldsymbol{0}$ で $T=1$，その他の場合には $T=0$ である．

つぎに，合同法乱数によって生成される Q 上の点列を考える．話を簡単にするために，数列 $\langle X_n\rangle$ が最長周期 M を持つか，または M が素数，$c=0$ で周期が $M-1$ の場合を考察する．後者の場合には，$\langle X_n\rangle$ によって生成される Q 上の点列に原点 $\boldsymbol{0}$ を追加して考える．いずれにしても Q 上に実在する点の個数は M 個となり，点が実在するところでは $f=1/M$，実在しないところでは $f=0$ となる．そして，点が実在するのは，(1.1)式を見れば，u_1 は任意で，$u_2, \cdots, u_k$ が，

$$u_{1+j}=\left\{a^ju_1+\frac{a^j-1}{a-1}c\right\}\pmod{M},\quad 1\leqq j\leqq k-1 \tag{1.4}$$

を満たすところに限られることがわかる．したがって，

$$T(\boldsymbol{s}) = \frac{1}{M}\sum_{u=0}^{M-1}\exp\left[-\frac{2\pi\mathrm{i}}{M}\sum_{j=0}^{k-1}s_{j+1}\left\{a^j u + \frac{a^j-1}{a-1}c\right\} \pmod{M}\right] \tag{1.5}$$

となる．この T の値は，$\boldsymbol{s}=(s_1, s_2, \cdots, s_k)$ が

$$\sum_{j=0}^{k-1} s_{j+1}a^j = 0 \qquad \pmod{M} \tag{1.6}$$

を満たす場合には1，その他の場合には0に等しい．

理想的な一様分布の場合には，$\boldsymbol{s}=\boldsymbol{0}$ 以外では $T=0$ であったから，われわれは(1.6)を満たす $\boldsymbol{0}$ 以外の $\boldsymbol{s}$ に興味がある．そのような $\boldsymbol{s}$ は，（$\boldsymbol{s}$ の空間上で）一定の間隔に並んだ超平面群の上にのっていて，一種の "波" を形作っているものと見なせる．$\boldsymbol{s}$ のユークリッド・ノルムのことを "波数"（wave number）と呼ぶが，スペクトル検定では，波数の最小値

$$\nu_k = \min\left\{\sqrt{s_1^2+s_2^2+\cdots+s_k^2} \;\middle|\; s_1+as_2+\cdots+a^{k-1}s_k = 0 \pmod{M},\quad \boldsymbol{s}=(s_1, s_2, \cdots, s_k) \text{ は非零整数ベクトル}\right\} \tag{1.7}$$

をもって合同法乱数列のランダムネスの尺度とする．実は，$\boldsymbol{u}$ の空間において，実在するすべての点を覆う平行で等間隔な超平面群の間隔の最大値が M/ν_k に等しいこともわかっている．それで，ν_k のことを合同法乱数列の k 次元精度という．ごく大まかに言えば，点列の分布を座標成分の上位 $\log_2 \nu_k$ までの分解能で見る限り，それらはほ

ぼ一様分布をしているものと言える．

乗算型合同法の場合　$M=2^e$，$c=0$ の乗算型合同法乱数列の場合には，周期は $M/4$ であって，M 未満の自然数の中で現れないものが多数あるから，前記のスペクトル検定の理論は，そのままでは適用できない．しかしながら，表1.1に見られるとおり，$a=5\ (\mathrm{mod}\ 8)$ の場合には，X_n の下位の2ビットを切り落として得られる数列 $\langle X_n(\mathrm{mod}\ 4)\rangle$ は，$M/4=2^{e-2}$ 未満のすべての非負整数値をとる．したがって，a はそのままとして，M の代わりに 2^{e-2} を用いて(1.7)式の計算を行えばよい．ただし，$\boldsymbol{u}$ の空間における平行な超平面の間隔の最大値は，$2^{e-2}/\nu_k$ ではなくて $2^e/\nu_k$ である．

$a=3\ (\mathrm{mod}\ 8)$ の場合には，表1.1からわかるとおり，上記のように M の値を調整することによってスペクトル検定を適用することはできない．$a=5\ (\mathrm{mod}\ 8)$ の場合と $a=3\ (\mathrm{mod}\ 8)$ の場合の点列の配置の違いを簡単な例で示したのが図1.3である．前者の場合には，点列が等間隔に並んだ平行線群の上にのって規則的な格子構造をしているのに対して，後者の場合にはそのようになっていないことに注意しよう．

スペクトル検定の算法　(1.7)式の ν_k を計算するのは，それほど簡単ではない．$k=2$ のとき以外は，図を描いて考えるのも困難であるし，条件 $s_1+as_2+\cdots+a^{k-1}s_k=$

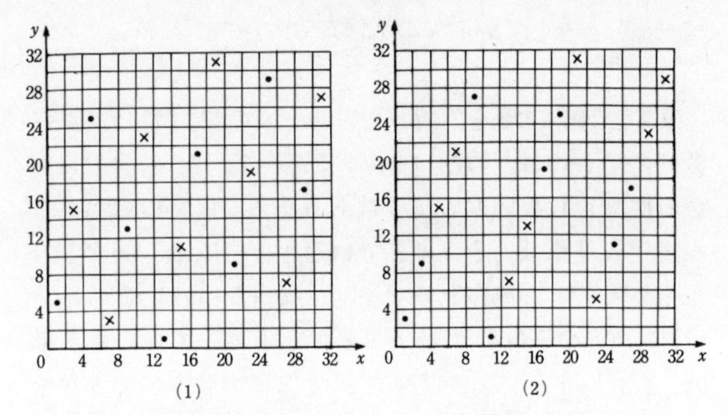

図1.3 乗数の違いによる合同法乱数列の構造の差

(1) $M=32,\ a=5,\ c=0.$ ●：$X_0=1$, ×：$X_0=3$.

(2) $M=32,\ a=3,\ c=0.$ ●：$X_0=1$, ×：$X_0=5$.

$0 \pmod{M}$ を満たす非零整数ベクトル $(s_1, s_2, \cdots, s_k)$ は無限にあるから，“しらみつぶし”によって求めることも不可能である．しかし，実は，結晶構造（格子構造）を解析するための算法が従来から種々提案されていて，それらをうまく利用して ν_k を効率的に計算する算法が確立されている．この算法による計算の過程では，M^2 程度の大きな整数を扱わなければならないことがあるので，倍精度あるいは4倍精度演算を用いるなどして対応する必要がある．付録にプログラムの一例が載せてある．

判定基準 ν_k がどの程度大きければ乱数として“合格”であるというような絶対的な基準というものはありえな

い．基準は，適用しようとする問題によって変わるはずのものである．しかし，適当な“目安”があれば便利なことも確かである．そのような目安の一つとして，Knuth は

$$\log_2 \nu_k \geqq 30/k \qquad (2 \leqq k \leqq 6) \qquad (1.8)$$

という条件をあげている．すなわち，$k=2, 3, 4, 5, 6$ 次元でそれぞれ 15, 10, 7.5, 6, 5 ビット程度の精度があればよかろうというのが Knuth の目安である．

一方，周期が P の数列の k 次元精度に関しては，パラメタの値をどのように選んでも，次の限界を超えられないことが“数の幾何学”（geometry of numbers）の分野で知られている．

$$\log_2 \nu_k \leqq (\log_2 P)/k + c_k. \qquad (1.9)$$

ここに，$c_2 = 0.104, c_3 = 0.167, c_4 = 0.25, c_5 = 0.3, c_6 = 0.368$ である．したがって，(1.8)の判定基準に合格するためには，大ざっぱに言って，$\log_2 P \geqq 30$ であること，すなわち整数演算を少なくとも 30 ビット程度以上の桁数で行わなければならないことになる．16 ビットのパーソナル・コンピュータの BASIC の乱数発生用関数 RND では，内部の整数演算を 16〜24 ビット程度の桁数で行っているものが多いようであり，Knuth の目安から見れば桁数不足であるといえよう．

スペクトル検定は，何次元まで行えばよいであろうか？これに対する答えもまた適用しようとする問題によってきめるべきものであって，絶対的な基準というものはありえ

ない．しかし，一応の基準として，次のものを挙げておこう．

「k 次元空間内のランダムな点列を生成しようとするならば，$2k$ 次元までのスペクトル検定を行う．」

この基準は，後に述べる統計的検定の一つである系列検定に関連している．例えば2次元系列検定では，2次元点列が正方形内に一様に配置されているかどうかを調べることによって，1次元の点列の出現順序に偏りがないかどうかを検討する．2次元点列の出現順序のランダムネスは，4次元系列検定によって調べる，等々である．

スペクトル検定のための計算時間は，次元 k が増すとともに（指数関数的に）急速に増加する．したがって，高次元スペクトル検定を行うことは事実上不可能である．一方，例えば $k=8$ の場合には $\log_2 \nu_k \leqq (\log_2 M)/8+0.5$ であり，$M \leqq 2^{36}$ ならば $\log_2 \nu_k \leqq 5$ で，乱数列の精度は高々5ビット程度にしかなりえない．したがって，整数演算を32〜36ビット程度の精度で行うならば，$k \geqq 8$ でのスペクトル検定はほとんど無意味である．Knuth は，$k \leqq 6$ 程度にとどめておくことを勧めている．

検定結果の例　スペクトル検定の結果については多くの報告がある．ここでは，そのうちのいくつかを表1.4に示す．M は乱数を発生するときに使う法を表し，M' は(1.7)式でスペクトル検定を行うときに使うべき M の値を示す．

表 1.4　スペクトル検定結果の例

行番号	a	c	M	M'	$\log_2\nu_2$	$\log_2\nu_3$	$\log_2\nu_4$	$\log_2\nu_5$	$\log_2\nu_6$
1	65539	0	2^{31}	2^{29}	14.5	3.4	3.4	3.4	3.4
2	69069	0	2^{32}	2^{30}	14.0	8.5	6.6	5.4	4.0
3	1664525	0	2^{32}	2^{30}	14.1	9.3	6.0	5.7	4.4
4	1664525	$*$	2^{32}	2^{32}	16.1	10.6	8.0	6.0	5.0
5	39894229	0	2^{32}	2^{30}	14.0	9.7	6.6	5.9	4.3
6	39894229	$*$	2^{32}	2^{32}	15.0	10.6	7.6	6.2	4.3
7	48828125	0	2^{32}	2^{30}	14.8	8.8	7.4	5.7	4.9
8	48828125	$*$	2^{32}	2^{32}	15.5	9.7	7.7	6.1	5.1
9	1566083941	0	2^{32}	2^{30}	14.8	9.7	7.5	5.6	4.2
10	1566083941	$*$	2^{32}	2^{32}	16.1	10.5	7.7	6.1	4.7
11	1812433253	0	2^{32}	2^{30}	14.1	9.2	6.9	5.7	4.9
12	1812433253	$*$	2^{32}	2^{32}	16.0	10.2	6.9	6.1	4.9
13	2100005341	0	2^{32}	2^{30}	14.4	9.5	7.1	5.6	4.8
14	2100005341	$*$	2^{32}	2^{32}	15.6	10.4	7.8	6.1	5.1
15	16807	0	$2^{31}-1$	$2^{31}-1$	14.0	9.3	7.2	6.1	4.9
16	1664525	0	$2^{31}-1$	$2^{31}-1$	15.1	10.2	7.4	5.0	4.0
17	314159269	0	$2^{31}-1$	$2^{31}-1$	15.2	9.9	7.6	5.9	5.1
18	397204094	0	$2^{31}-1$	$2^{31}-1$	14.8	9.7	7.4	6.1	4.8
19	2100005341	0	$2^{31}-1$	$2^{31}-1$	15.4	10.2	7.7	6.0	5.0

c の列の $*$ は，任意の奇数を使用すべきことを表す．

第 1 行は，昔 IBM のパッケージで使われていたもので，現在では使わない方がよいというのが定説になっているものである．なお，この a は，$a=3\ (\mathrm{mod}\ 8)$ の場合に相当するので，前述のように，一つの初期値から出発して得られる多次元空間内の点の配置は規則的な結晶構造とはならないが，それでも(1.7)式によって得られる ν_k は，点の空間配置のあらさを示す尺度になっている．3 次元以上では，表1.3に示した$a=65533$の場合と同様に，すべての点が15枚の（超）平面にのってしまう．第2行は，1969年にMarsagliaが膨大な計算時間をかけて見つけた乗数である．

ここで得られている結果を基にして，どのaを選ぶのがよいかをきめるのはややむずかしい．これは，次元kによってν_kの大小関係が逆転しているものが多いからである．ごく大ざっぱに見れば，第1行以外は大差がないとも言えよう．

2 M系列乱数

前節で述べたとおり，合同法乱数が多次元疎結晶構造を有するのは，乱数列を生成するのが1次の漸化式であることによる．そこでの議論から容易にわかるとおり，数列$\langle x_n \rangle$を生成する漸化式が線形であるか非線形であるかを問わず，その次数が1である限り，$\langle x_n \rangle$は必ず多次元疎結晶構造を有する．そこで，高次の漸化式によって乱数を生成する方法がいくつか研究されてきている．そのうちで，現在までに理論的性質が比較的よくわかっているのが，いわゆるM系列を用いて乱数列を構成する方法であり，演算としては，合同法の乗算（および加算）に対して，排他的論理和（Exclusive OR，略してEOR）をとる論理演算を用いる．EORをとる演算は，原理的には乗算よりも速くできるので，次数は高くても項数が少ない漸化式を用いれば，合同法よりも速く乱数を発生することも可能である.

2.1 M 系列

2.1.1 擬似ランダム系列

一般に,アルゴリズムによって生成される数列は,もちろん真の意味でランダムではありえず,真にランダムな系列の持ついろいろな性質のうちのいくつかを近似的に満たしうるだけである.M 系列は,2 値の周期列であり,偏りのない硬貨を多数回投げたときに得られる系列(Bernoulli 試行系列)の次のような性質を近似的に満たすものである.

1 回投げたときに表の出る確率も裏の出る確率も等しく 1/2 である硬貨を T 回投げ,表が出たら $+1$,裏が出たら -1 と記録することにしよう.t 回目の投げの記録を X_t と書くことにすると,$X_1, X_2, \cdots, X_T$ は互いに独立で同一の分布に従う確率変数の列で,

$$\Pr\{X_t=1\} = \Pr\{X_t=-1\} = 1/2 \qquad (1.10)$$

である.

1) T が大きければ,$X_t=1$ となる回数と $X_t=-1$ となる回数との比はほぼ 1 に等しい.

2) 系列 $\langle X_t \rangle$ の中で 1 が n 個続いてその両側が -1 ではさまれている部分を長さ n の“1 の連”という.-1 の後に 1 がすでに n 個続いて出ているときに,次に -1 が出て長さ n の連ができる確率は 1/2 であり,一方,次に $+1$,その次に -1 が出て長さ $n+1$ の連が

できる確率は 1/4 であるから，

$$\lim_{T\to\infty}\left(\frac{\text{長さ}\,n+1\,\text{の連の個数}}{\text{長さ}\,n\,\text{の連の個数}}\right)=1/2 \qquad (1.11)$$

が確率 1 で成り立つ．-1 の連についても同様である．

3)　$s\neq 0$ とすると，X_t と X_{t+s} とは互いに独立であるから，

$$\mathrm{E}(X_tX_{t+s})=\mathrm{E}(X_t)\mathrm{E}(X_{t+s})=0 \qquad (1.12)$$

が成り立つ．したがって，系列 $\langle X_t\rangle$ の自己相関関数 $R(s)$ は，確率 1 で，次のように "2 レベル" になる．

$$R(s)=\lim_{T\to\infty}\frac{1}{T-s}\sum_{t=1}^{T-s}X_tX_{t+s}=\begin{cases}1, & s=0,\\ 0, & s\neq 0.\end{cases} \qquad (1.13)$$

1)，2)，3)の性質を近似的に満たす系列を擬似ランダム系列と呼ぶ．M 系列は擬似ランダム系列の一つである．

2.1.2　ガロア体 GF(2)

二つの整数 0 と 1 からなる集合を考え，この集合の要素間の四則演算は modulo 2 で行うものとする．このとき，この集合のことをガロア体 GF(2) という．GF(2) 上の乗除算は，（実数体上の）普通の乗除算と同じである．加減算は表 1.5 のように行われるので，加算と減算の結果はまったく同じになり，GF(2) 上では加算と減算を区別する必要がない．

表 1.5 GF(2) 上の加減算

+	0	1
0	0	1
1	1	0

−	0	1
0	0	1
1	1	0

次に，GF(2) の要素 0, 1 を係数とする多項式を考える．多項式どうしの加算，減算，および乗算を行う際には，係数の演算は GF(2) の上で行う．例えば，

$$(1+x^3+x^5)\pm(x+x^3+x^4) = 1+x+x^4+x^5,$$
$$(1+x)(1+x+x^2+x^3+x^4) = 1+x^5$$

である．

GF(2) 上の p 次の多項式

$$f(x) = 1+c_1x+c_2x^2+\cdots+c_px^p, \quad c_p = 1 \qquad (1.14)$$

が因数分解できる場合，すなわち p より低い次数の GF(2) 上の多項式の積の形に書き表せる場合には，$f(x)$ は可約であるといい，そうでない場合には，$f(x)$ は既約であるという．上の例でわかるとおり $1+x^5$ は可約であり，また $1+x^3+x^5$ が既約であることは容易に確かめることができる．

$1+x^n$ という形の多項式のうちで $f(x)$ で割り切れる最低次のものの次数 n のことを $f(x)$ の指数という．$f(x)$ が可約であれば指数 $< 2^p-1$ である．$f(x)$ が既約で指数 $= 2^p-1$ である場合には，$f(x)$ は GF(2) 上の原始多項式

であるという．なお，原始多項式は，（0と1だけでなく）もっとたくさんの要素からなる体上でも同様に定義することができるが，本書ではGF(2)上のものだけを扱うので，以後GF(2)上の原始多項式のことを単に原始多項式と呼ぶことが多い．原始多項式は，計算機を使って膨大な数のものが求められている．付録には，その一部分が示してある．

2.1.3 M系列とフィードバック付シフトレジスタ

(1. 14)式の $f(x)$ の係数（$1, c_1, c_2, \cdots, c_p$）を用いた p 次の線形漸化式

$$a_t = c_1 a_{t-1} + c_2 a_{t-2} + \cdots + c_p a_{t-p} \qquad (\text{mod } 2) \tag{1. 15}$$

によって生成されるGF(2)上の数列 $\langle a_t \rangle$ を考える．ただし，初期値 $a_0, a_1, \cdots, a_{p-1}$ は，すべてが0とはならないように選ぶものとする．この数列が周期列であり，その周期 T が 2^p-1 を超えないことは明らかである．ちょうど $T=2^p-1$ となるための必要十分条件は，$f(x)$ が原始多項式であることである．この条件が成り立つとき，$\langle a_t \rangle$ のことを p 次の線形最大周期列（Maximum-length linearly recurring sequence），略してM系列と呼ぶ．また，$f(x)$ のことを漸化式(1. 15)あるいはM系列 $\langle a_t \rangle$ の特性多項式という．M系列の特性多項式を明示する必要がある場合には，$\langle a_t(f) \rangle$ などと書くことにする．a_t の添字 t の値を1だけ減らす“遅延演算子”を D と書くことに

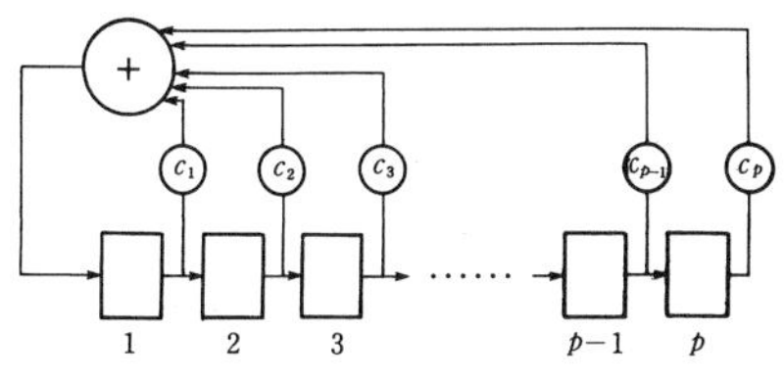

図1.4 フィードバック付シフトレジスタ

すると，漸化式(1.15)は特性多項式を用いて

$$a_t + c_1 D a_t + c_2 D^2 a_t + \cdots + c_p D^p a_t$$
$$= f(D) a_t = 0 \qquad (\mathrm{mod}\ 2) \qquad (1.16)$$

という形に書き表すこともできる．

M系列は，シフトレジスタ系列と呼ばれることもある．これは，M系列がフィードバック付のシフトレジスタによって発生できることに由来する．図1.4は，(1.15)式によって生成されるM系列を発生するフィードバック付シフトレジスタを模式的に示したものである．1番からp番までの箱はシフトレジスタであり，1(on)または0(off)のいずれかの値（状態）を取りうる．一定の時間間隔（Δ）で，1番から$p-1$番までのレジスタの保持している値は右隣りのレジスタに転送（シフト）される．また，1番のレジスタには，各レジスタの保持していた値の$c_1, c_2, \cdots, c_p$による加重和(mod 2)が転送される．いま，時刻$t\Delta$における1番のレジスタの内容をa_tと書くことにすると，時刻$(t-1)\Delta$におけるi番$(1 \leqq i \leqq p)$のレジ

スタの内容はa_{t-i}であり,

$$a_t = c_1 a_{t-1} + c_2 a_{t-2} + \cdots + c_p a_{t-p} \pmod 2$$

が成り立つ.

2.1.4 M系列の性質

p次のM系列$\langle a_t \rangle$のいろいろな性質を次に挙げておこう.

P1. 周期 $T = 2^p - 1$.

P2. 相続くp個の要素からなるp個組$(a_{t-1}, a_{t-2}, \cdots, a_{t-p})$は, 1周期について, p個の成分がすべて0というパターンを除くあらゆるパターンを1回ずつ取る. [漸化式(1.15)およびP1から明らか.]

P3. $\langle a_t \rangle$と特性多項式が同じで初期値が異なるM系列$\langle a'_t \rangle$は, 位相の違いを除いて$\langle a_t \rangle$に一致する. すなわち, tと無関係な定数rが存在して, すべてのtについて

$$a'_t = a_{t+r}$$

が成り立つ. [P2から明らか.] この意味で, 一つの原始多項式には本質的に一つのM系列が対応する.

P4. $\langle a_t \rangle$の位相を勝手にずらして得られる複数個の系列を項ごとに (mod 2で) 加え合わせて一つの系列を作ると, $\langle a_t \rangle$の位相を適当にずらしたものに一致するか, あるいは恒等的に0という系列になる. 特に, 加え合わせる系列間の位相差がp未満ならば, $\langle a_t \rangle$の位相をずらしたものに一致する. すなわち, 任

意の 0-1 ベクトル $(e_0, e_1, \cdots, e_{p-1}) \neq (0, 0, \cdots, 0)$ に対して定数 $r(0 \leqq r \leqq T-1)$が存在して，すべての t について

$$e_0 a_t + e_1 a_{t-1} + \cdots + e_{p-1} a_{t-p+1} = a_{t+r} \pmod 2 \qquad (1.17)$$

が成り立つ．$(e_0, e_1, \cdots, e_{p-1})$ と r とは 1 対 1 に対応する．以上の性質はシフト加法性と呼ばれている．[(1.17)の左辺によって定義される系列が$\langle a_t \rangle$を生成する漸化式と同じ漸化式を満たすことは明らかである．したがって P3 により(1.17)が成り立つ．漸化式(1.15)を（必要ならば繰り返し）使うことによって a_{t+r} を $a_t, a_{t-1}, \cdots, a_{t-p+1}$ の 1 次結合の形に表現することができる．よって，r に対して(1.17)を満たす $(e_0, e_1, \cdots, e_{p-1})$ は一意に定まる．逆に $(e_0, e_1, \cdots, e_{p-1})$ が与えられたとき，(1.17)を満たす r が二つ存在したと仮定しよう．それらを r_1, r_2 とすると

$$a_{t+r_1} = a_{t+r_2}$$

がすべての t について成り立つことになる．ところが，これは $\langle a_t \rangle$ の周期が $|r_1 - r_2| \leqq T-1$ であることを意味し，矛盾である．]

P5. $\langle a_t \rangle$ の 1 周期中の 1 の個数は 2^{p-1} 個，0 の個数は $2^{p-1}-1$ 個である．これは擬似ランダム系列の性質 1）に対応する．［P2 から容易に導かれる性質であ

る.]

P6. 1周期中には, 長さ n $(1 \leqq n \leqq p-2)$ の1の連および0の連がそれぞれ 2^{p-n-2} 回現れる. また, 長さ p の1の連は1回, 長さ $p-1$ の1の連は0回, 長さ p の0の連は0回, 長さ $p-1$ の0の連は1回現れる. したがって擬似ランダム系列の性質2) が $n<p-2$ に対して成り立つ. [長さ $n \leqq p-2$ の1の連の個数は, $(0, \underbrace{1, 1, \cdots, 1}_{n}, 0, x, \cdots, x)$ という形の p 個組の個数に等しく, $p-n-2$ 個の x のところには0, 1のいずれがきてもよいから, その個数は 2^{p-n-2} である. 0の連についても同様. 長さが $p-1$ 以上の連の個数については, P2により明らか.]

P7. (この性質に関する四則演算は, GF(2) 上のものではなくて, 普通の (実数体上の) 演算である.)

変換 $\alpha_t=(-1)^{a_t}$ によって $\langle a_t \rangle$ 中の0を $+1$ に, 1を -1 に対応させた系列 $\langle \alpha_t \rangle$ を作る. $\langle \alpha_t \rangle$ の自己相関関数は次のようになる.

$$R(s)=\frac{1}{T}\sum_{t=0}^{T-1}\alpha_t\alpha_{t+s}$$

$$=\begin{cases} 1, & s=0 \pmod{T}, \\ -1/T, & s \neq 0 \pmod{T}. \end{cases} \tag{1.18}$$

$T=2^p-1$ であるから, p があまり小さくなければ, $1/T$ は十分に小さくなり, したがって $\langle a_t \rangle$ あるいは $\langle \alpha_t \rangle$ は擬似ランダム系列の性質3) を近似的に満たしている．[$s=0\ (\mathrm{mod}\ T)$ のとき(1. 18)が成り立つことは明らかであるから，$s\neq 0\ (\mathrm{mod}\ T)$ の場合を考える．$\alpha_t\alpha_{t+s}=(-1)^{a_t+a_{t+s}}$ であるから，$\alpha_t\alpha_{t+s}$ は，a_t+a_{t+s} が偶数なら $+1$，奇数ならば -1 となる．したがって $\alpha_t\alpha_{t+s}=(-1)^{a_t+a_{t+s}\ (\mathrm{mod}\ 2)}$ が成り立つ．P4 により，$a_t+a_{t+s}\ (\mathrm{mod}\ 2)$ は a_{t+r} に一致するか，恒等的に 0 になるかのいずれかであるが，後者が成り立つとすると，恒等的に $a_t=a_{t+s}$ が成り立つことになり，$s\neq 0\ (\mathrm{mod}\ T)$ という前提条件に反する．したがって $\alpha_t\alpha_{t+s}=(-1)^{a_{t+r}}=\alpha_{t+r}$ となり，$\langle\alpha_{t+r}\rangle$ の1周期中には $+1$ が $2^{p-1}-1$ 個，-1 が 2^{p-1} 個あるから(1. 18)が成り立つ．]

P8.　σ を T 未満の自然数とするとき，$\langle a_t\rangle$ の要素を σ 番目ごとに抽出（このような抽出のしかたを "σ-系統サンプリング" と呼ぶことにする）して得られる系列 $\langle a_{\sigma t}\rangle$ は，σ と T が互いに素のとき（そしてその時に限って）やはり周期 T の M 系列になる．そのような σ の集合を S と書くことにする：

$$S=\{\sigma\,|\,1\leqq\sigma<T,\ \gcd(\sigma,T)=1\}.$$

S の要素の個数は，ふつう $\varphi(S)$ という記号で表され，Euler の関数と言われる．S は T を法（modulus）とする乗算に関して群をなす．集合

$$C_0=\{1,2,4,\cdots,2^{p-1}\}$$

は，この群の正規部分群であり，その剰余類は（C_0 自身も含めて）

$$K = \varphi(S)/p$$

個ある．それらを $C_0, C_1, \cdots, C_{K-1}$ と表すことにする．

σ と σ' が同一の剰余類に属するならば，$\langle a_{\sigma t}\rangle$ と $\langle a_{\sigma' t}\rangle$ とは位相を適当にずらせば重ね合わせることができるが，相異なる剰余類に属するならば重ね合わせることができない．p 次の原始多項式は K 個あり，剰余類と1対1に対応させることができる．すなわち，原始多項式をひとつ任意に選んで（それを f_0 と書くことにする）C_0 に対応させることにすると，剰余類 $C_1, \cdots, C_{K-1}$ に対応する原始多項式 $f_1, \cdots, f_{K-1}$ が一意的に定まる．言いかえれば，p 次のすべてのM系列は，任意に選んだ p 次のひとつのM系列からの適当な系統サンプリングによって得られる．

P9.　$f(x)$ を p 次の原始多項式，$\langle a_t\rangle$ をそれによって生成されるM系列とすると，$f(x^{-1})x^p$ も p 次の原始多項式であり，それによって生成されるM系列 $\langle a'_t\rangle$ は $\langle a_t\rangle$ の要素を逆順（添字の減少する順）に並べたものに一致する．$f(x^{-1})x^p$ は $f(x)$ の相反多項式，$\langle a'_t\rangle$ は $\langle a_t\rangle$ の相反系列と呼ばれる．［$f(x)$ が(1.14)で与えられるとすると，

$$f(x^{-1})x^p = 1 + c_{p-1}x + c_{p-2}x^2 + \cdots + c_1 x^{p-1} + x^p$$

であるから，$\langle a'_t\rangle$ は漸化式

$$a'_t = c_{p-1}a'_{t-1} + c_{p-2}a'_{t-2} + \cdots + c_1 a'_{t-p+1} + a'_{t-p} \pmod 2$$

によって生成される．これは

$$a'_{t-p} = a'_t + c_{p-1}a'_{t-1} + c_{p-2}a'_{t-2} + \cdots + c_1 a'_{t-p+1} \pmod 2$$

と同値であり，さらにこの式の添字を p だけ進めた

$$a'_t = c_1 a'_{t+1} + c_2 a'_{t+2} + \cdots + c_{p-1}a'_{t+p-1} + a'_{t+p} \pmod 2$$

と同値である．これと $\langle a_t \rangle$ が満たす漸化式(1.15)を比べれば明らかである．]

例 1.1　簡単な例で，以上の性質のうちのいくつかについて実際に確かめてみよう．

原始多項式　$f(x) = 1 + x^3 + x^5$
漸 化 式　$a_t = a_{t-3} + a_{t-5} \pmod 2$
M 系 列
$\langle a_t \rangle = 1111100011011101010000100101100$
の繰り返し

この系列の性質のうちで，P1, P2, P3, P5，および P6 は読者自ら容易に確かめられるであろう．つぎに P8（系統サンプリング）について調べてみよう．

$a_0 = a_1 = a_2 = a_3 = a_4 = 1$ とする．まず $b_t = a_{2t}$ とおくと，

$$
\begin{aligned}
\langle b_t \rangle_{t=0}^{30} &= 1110101000010010110011111000110 \\
&= \langle a_t \rangle_{t=11}^{41}
\end{aligned}
$$

となり，$\langle a_{2t} \rangle$ は $\langle a_t \rangle$ の位相をずらしたものになっている．このことから，$\langle a_{4t} \rangle$ は $\langle a_{2t} \rangle$ の位相をずらしたもの，したがってまた $\langle a_t \rangle$ の位相をずらしたものになっていることがわかる．$\langle a_{8t} \rangle, \langle a_{16t} \rangle$ についても同様である．

$\langle b_t \rangle = \langle a_{2t} \rangle$ が $\langle a_t \rangle$ と同一の漸化式を満たすことは，次のようにしても確かめられる．

$$
\begin{aligned}
b_t = a_{2t} &= a_{2t-3} + a_{2t-5} \\
&= (a_{2t-6} + a_{2t-8}) + (a_{2t-8} + a_{2t-10}) \\
&= a_{2t-6} + a_{2t-10} \\
&= b_{t-3} + b_{t-5} \pmod 2.
\end{aligned}
$$

次に $b'_t = a_{3t}$ について調べてみよう．

$$
\langle b'_t \rangle_{t=0}^{30} = 1101110001010110100001100100111
$$

となり，$\langle b'_t \rangle$ の位相をどのようにずらしても $\langle a_t \rangle$ とは一致しないことがわかる．$\langle b'_t \rangle$ の特性多項式を

$$
g(x) = 1 + c'_1 x + c'_2 x^2 + c'_3 x^3 + c'_4 x^4 + x^5
$$

と書くことにすると，係数 c'_1, c'_2, c'_3, c'_4 は GF(2) 上で次の連立方程式を満たす．

$$
\begin{cases}
b'_5 = 1 = c'_1 b'_4 + c'_2 b'_3 + c'_3 b'_2 + c'_4 b'_1 + b'_0 \\
\qquad\quad = c'_1 + c'_2 + c'_4 + 1 \\
b'_6 = 0 = c'_1 b'_5 + c'_2 b'_4 + c'_3 b'_3 + c'_4 b'_2 + b'_1 \\
\qquad\quad = c'_1 + c'_2 + c'_3 + 1 \\
b'_7 = 0 = c'_1 b'_6 + c'_2 b'_5 + c'_3 b'_4 + c'_4 b'_3 + b'_2 \\
\qquad\quad = c'_2 + c'_3 + c'_4 \\
b'_8 = 0 = c'_1 b'_7 + c'_2 b'_6 + c'_3 b'_5 + c'_4 b'_4 + b'_3 \\
\qquad\quad = c'_3 + c'_4 + 1 \\
b'_9 = 1 = c'_1 b'_8 + c'_2 b'_7 + c'_3 b'_6 + c'_4 b'_5 + b'_4 \\
\qquad\quad = c'_4 + 1
\end{cases}
$$

これを解いて $c'_1 = 1$, $c'_2 = 1$, $c'_3 = 1$, $c'_4 = 0$, したがって

$$
g(x) = 1 + x + x^2 + x^3 + x^5
$$

が得られる.

同様にして, T と互いに素な任意の σ について, $\langle a_{\sigma t} \rangle$ に対応する原始多項式を求めることができる. まず, 1 以上 T ($=31$) 未満の整数 (いまの場合, T がたまたま素数なので, これらの整数はすべて T と互いに素である) を次のように 6 つの集合に分ける.

$C_0 = \{1, 2, 4, 8, 16\}$,

$C_1 = \{3, 6, 12, 24, 17\}$ ($= 3C_0$),

$C_2 = \{9, 18, 5, 10, 20\}$ ($= 9C_0 = 3C_1$),

$C_3 = \{27, 23, 15, 30, 29\}$ ($= 27C_0 = 3C_2$),

$$C_4 = \{19, 7, 14, 28, 25\}\ (= 19C_0 = 3C_3),$$
$$C_5 = \{26, 21, 11, 22, 13\}\ (= 26C_0 = 3C_4).$$

ここに例えば $C_1 = 3C_0$ は，C_0 の各要素を3倍(mod 31)したものを集めたものが C_1 であることを表している．σ と σ' が同一のある集合 C_j に属するならば，$\sigma' = 2^k\sigma \pmod{31}$ を満たす k が存在するので，$\langle a_{\sigma t}\rangle$と$\langle a_{\sigma' t}\rangle$ は本質的に同じ（すなわち位相を適当にずらせば重なり合う）M系列である．一方，σ と σ' が相異なる集合に属する場合には，そのような k が存在せず，$\langle a_{\sigma t}\rangle$ と $\langle a_{\sigma' t}\rangle$ は本質的に異なるM系列である．各 C_j に対応する原始多項式は次のようになる．

$$\begin{aligned}
C_0 &: 1 + x^3 + x^5 &&= f_0(x),\\
C_1 &: 1 + x + x^2 + x^3 + x^5 &&= f_1(x),\\
C_2 &: 1 + x + x^3 + x^4 + x^5 &&= f_2(x),\\
C_3 &: 1 + x^2 + x^5 &&= f_3(x),\\
C_4 &: 1 + x^2 + x^3 + x^4 + x^5 &&= f_4(x),\\
C_5 &: 1 + x + x^2 + x^4 + x^5 &&= f_5(x).
\end{aligned}$$

なお，f_0 と f_3, f_1 と f_4, f_2 と f_5 はそれぞれ互いに相反な多項式になっている．

2.2　M系列乱数

M系列は0と1からなる系列，すなわち1ビットの系列である．しかし乱数列として普通使われるのは，例えば合同法乱数のように，もっと桁数の大きい系列である．そこで，M 系列を基にして，l $(l \geqq 2)$ ビットの 2 進数の系列 $\langle x_t \rangle$ を次のようにして構成する．

$$x_t = 0.\, a_{t+\tau_1} a_{t+\tau_2} \cdots a_{t+\tau_l} \qquad \text{(2 進表現)}. \qquad (1.\,19)$$

ここに，$\tau_1, \tau_2, \cdots, \tau_l$ は互いに異なり，t に無関係な定数である．$\tau_1 = 0$ としても一般性を失わないので，以後そうすることにする．

$\langle x_t \rangle$ は $\langle a_t \rangle$ の位相を適当にずらしたものを各ビットに配置して構成される．つまり，$\langle x_t \rangle$ の各ビット位置に現れる数列は，同一の漸化式によって生成される．したがって，次の漸化式を用いることによって，$\langle x_t \rangle$ を高速に生成することができる．

$$x_t = c_1 x_{t-1} \oplus c_2 x_{t-2} \oplus \cdots \oplus x_{t-p}. \qquad (1.\,20)$$

ただし，$\oplus$ はビットごとの繰り上りなしの足し算を表し，多くの計算機に備わっている排他的論理和（EOR）の演算機能を使うことによって高速に処理できる．特に特性多項式 f が 3 項式

$$f(D) = 1 + D^q + D^p \qquad (q < p) \qquad (1.\,21)$$

の場合には，(1. 20)式は

$$x_t = x_{t-q} \oplus x_{t-p} \qquad (1.\,22)$$

となり，1 回の排他的論理和の演算によって乱数 1 個が発生できるので，大変に高速になる．

2.2.1 自己相関関数と多次元分布

(1. 19)式によって定義される系列 $\langle x_t \rangle$ は，先頭ビットを基準にした各ビットの位相のずれ $\tau_2, \tau_3, \cdots, \tau_l$ を勝手に

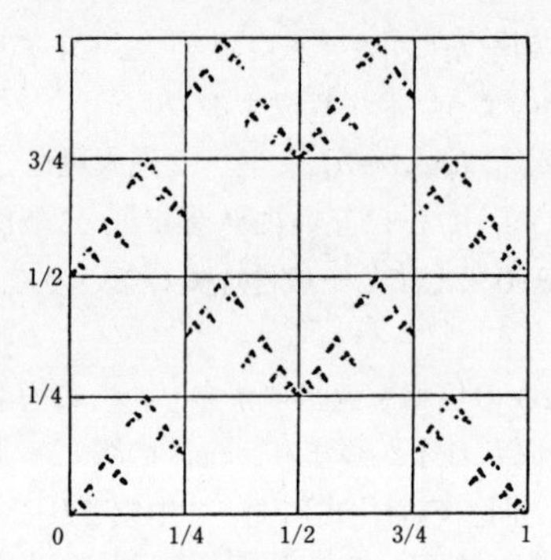

図1.5 M系列によって構成されたランダムでない数列の2次元分布の例

選んだのでは，必ずしも良い乱数列とはならない．例えば図1.5は，$f(D)=1+D^{32}+D^{521}$，$l=32$，ビット間の位相差が $2^{521}/32$ のほぼ整数倍となるように選んで生成された系列 $\langle x_t \rangle$ の2次元分布を示したものであるが，一様分布とは著しくかけ離れている．そこで，$\langle x_t \rangle$ が良い乱数列となるためには，位相差 $\tau_2, \tau_3, \cdots, \tau_l$ はどのように選ぶ必要があるかを検討してみよう．ここでは，"良さ"の評価基準として，自己相関関数と多次元分布の一様性とを採ることにする．

(1) 自己相関関数

系列 $\langle x_t \rangle$ の周期は，容易にわかるとおり，M系列 $\langle a_t \rangle$ の周期 $T=2^p-1$ に等しい．したがって，$\langle x_t \rangle$ の1周期分の平均値 $\bar{x}$ は

$$\begin{aligned}\bar{x} &= \frac{1}{T}\sum_{t=0}^{T-1} x_t = \frac{1}{T}\sum_{t=0}^{T-1}\sum_{i=1}^{l} 2^{-i} a_{t+\tau_i} \\ &= \frac{1}{T}\sum_{i=1}^{l} 2^{-i}\sum_{t=0}^{T-1} a_{t+\tau_i} = \frac{1}{T}\sum_{i=1}^{l} 2^{-i}\frac{T+1}{2} \\ &= \frac{1}{2}\left(1+\frac{1}{T}\right)(1-2^{-l}) = \frac{1}{2}\cdot\frac{1-2^{-l}}{1-2^{-p}} \qquad (1.23)\end{aligned}$$

となり，pが大きければ，lビットの理想的な2進一様乱数の平均値$(1-2^{-l})/2$にきわめて近い．

$\langle x_t \rangle$の自己相関関数は次のようになる．

$$\begin{aligned}R(s) &= \frac{1}{T}\sum_{t=0}^{T-1}(x_t-\bar{x})(x_{t+s}-\bar{x}) = \frac{1}{T}\sum_{t=0}^{T-1} x_t x_{t+s} - \bar{x}^2 \\ &= \frac{1}{T}\sum_{t=0}^{T-1}\left\{\sum_{i=1}^{l} 2^{-i} a_{t+\tau_i}\sum_{j=1}^{l} 2^{-j} a_{t+s+\tau_j}\right\} - \bar{x}^2 \\ &= \frac{1}{T}\sum_{i=1}^{l} 2^{-i}\sum_{j=1}^{l} 2^{-j}\left(\sum_{t=0}^{T-1} a_{t+\tau_i} a_{t+s+\tau_j}\right) - \bar{x}^2.\end{aligned}$$

ここで，最後の右辺の(　)内は，M系列の性質P7により

$$s+\tau_j-\tau_i = 0 \pmod{T} \quad なら \quad (T+1)/2,$$
$$s+\tau_j-\tau_i \neq 0 \pmod{T} \quad なら \quad (T+1)/4$$

であるから，

$$すべての\ i, j\ について\ s+\tau_j-\tau_i \neq 0 \pmod{T} \qquad (1.24)$$

という条件が成り立てば，

$$R(s) = \frac{1}{T}(1-2^{-l})^2 \cdot \frac{1}{4}(T+1) - \bar{x}^2$$
$$= -\frac{1}{4T}(1-2^{-l})^2 \qquad (1.25)$$

である．また(1.24)の条件が成り立たなければ，

$$R(s) = -\frac{1}{4T}(1-2^{-l})^2 + \sum_{i,j}{}' \frac{1}{4}\left(1+\frac{1}{T}\right)2^{-i-j} \qquad (1.26)$$

となる．ただし，$\sum'$ は $s+\tau_j-\tau_i=0 \pmod{T}$ を満たす i, j について加えることを意味する．

したがって，

$$s_0 = \min_{i \neq j} |\tau_i - \tau_j| \qquad (1.27)$$

とおくことにすると，$1 \leqq |s| < s_0$ ならば $R(s) \fallingdotseq 0$ であり，$|s|$ が s_0 以上になると，$R(s)$ の値が0からずれるので，τ_1 $(=0)$，$\tau_2, \tau_3, \cdots, \tau_l$ は s_0 が大きくなるように選ぶことが望ましい．s_0 が最大になるのは，これらがほぼ等間隔に並んでいる場合である．

(2) 多次元均等分布

確率変数の列

$$\langle U_t \rangle = U_0, U_1, U_2, \cdots \qquad (1.28)$$

が互いに独立に，区間 $[0, 1)$ 上の一様分布に従って分布するならば，k を任意の自然数とするとき，k 次元の確率変数ベクトル $(U_t, U_{t+1}, \cdots, U_{t+k-1})$ は k 次元の単位超立方体内で一様分布するから，次のことが成り立つ．

(多次元連続一様分布の性質) $0 \leqq u_j < v_j \leqq 1$ を満たす

任意の実数 u_j, v_j $(1 \leqq j \leqq k)$ に対して

$$\Pr\{u_1 \leqq U_t < v_1,\ \cdots,\ u_k \leqq U_{t+k-1} < v_k\} = (v_1 - u_1) \cdots (v_k - u_k). \qquad (1.29)$$

したがって，擬似乱数列 $\langle x_t \rangle$ もこの性質を持つことが望ましいが，擬似乱数列は

① 確率変数列ではなくて決定的（deterministic）なものであり，

② 取りうる値の桁数が有限である

ために，(1.29)式とはやや違った式を満たすことを要請する．まず，②に対応して，式(1.29)を次のように改める．

（多次元離散一様分布の性質） w_j $(1 \leqq j \leqq k)$ を任意の l ビット 2 進小数*とするとき，

$$\Pr\{x_t = w_1,\ \cdots,\ x_{t+k-1} = w_k\} = \frac{1}{2^{kl}}. \qquad (1.30)$$

次に，①に対応して，(1.30)式の確率 $\Pr\{\ \ \}$ は，“相対度数の極限” を意味するものと解釈する必要がある．そして，擬似乱数列は一般に周期を有するから，“相対度数の極限” は “1 周期についての相対頻度” に等しい．確率 $\Pr\{\ \ \}$ をこのように解釈するものとするとき，数列 $\langle x_t \rangle$ が(1.30)を満たすならば，$\langle x_t \rangle$ は **k 次均等分布**をするという．

* 2 進表現で $0.z_1 z_2 \cdots z_l$，$z_i = 0$ または 1 $(1 \leqq i \leqq l)$，と書き表せる小数．

この定義から，k 次均等分布をする数列は，$(k-1)$ 次均等分布，$(k-2)$ 次均等分布，…，1 次均等分布をすることは明らかである．したがって，$\langle x_t \rangle$ が理想的な確率変数列 $\langle U_t \rangle$ に近いためには，なるべく大きな k について k 次均等分布をすることが望ましい．しかし，周期を有する擬似乱数列については，均等分布の次元に自ら上界がある．すなわち，周期を T とすると

$$2^{kl} \leqq T \quad \Longrightarrow \quad k \leqq \lfloor (\log_2 T)/l \rfloor \tag{1.31}$$

である*．この不等式は，ベクトル $(w_1, \cdots, w_k)$ の取りうる値が $(2^l)^k$ 個あり，一方，ベクトル列 $\langle (x_t, \cdots, x_{t+k-1}) \rangle$ の周期が T であることから容易に導かれる．

ところで，等式(1.30)が（正確に）成り立つためには，$\langle x_t \rangle$ の周期は 2^{kl} の整数倍でなければならない．（n 倍であれば，ベクトル列の 1 周期分 $\langle (x_t, \cdots, x_{t+k-1}) \rangle$ $(0 \leqq t \leqq T-1)$ は，任意のベクトル値 $(w_1, \cdots, w_k)$ を n 回取ることになる．）一方，M 系列乱数の周期は，特性多項式の次数を p とすると $T = 2^p - 1$ であるから，いかなる k に対しても $T = n \cdot 2^{kl}$ とはなりえない．しかし，仮に $T = 2^p$ であったとすれば，$T = n \cdot 2^{kl}$ となることは可能である．M 系列 $\langle a_t \rangle$ の周期が $T = 2^p - 1$ であって 2^p でないのは，p 個組 $(a_t, \cdots, a_{t+p-1})$ が $\mathbf{0}_p$（p 次元零ベクトル）という値をとりえないからであった（M 系列の性質 P2）．これに対応して，$(x_t, \cdots, x_{t+k-1})$ が 1 周期に

---

* 記号 $\lfloor z \rfloor$ は，z を超えない最大の整数を表す．

わたってとる値についても，$\mathbf{0}_k$ を $2^{p-kl}-1$ 回，その他のあらゆる値を 2^{p-kl} 回とることは可能であり，このとき(1.30)式は近似的に成り立つことになる．そこで，今後**M系列乱数の $\boldsymbol{k}$ 次均等分布**という用語は，この意味で使用することにする．

二つの2進小数を連接（concatenate）して一つの2進小数を作るという操作をセミコロン（；）で表すことにする．例えば，

$$0.1101; 0.1011 = 0.11011011$$

である．このとき，k 次均等分布の定義から，次の補助定理が成り立つことは明らかである．

補助定理1.1

l ビットの数列 $\langle x_t \rangle$ が k 次均等分布をするための必要十分条件は，kl ビットの数列 $\langle x_t; x_{t+1}; \cdots; x_{t+k-1} \rangle$ が1次均等分布をすることである．

次に，同一のM系列の位相をずらして得られる複数の系列の1次独立性について定義しよう．

定義　$\langle a_t \rangle$ をあるM系列とし，$r_1, r_2, \cdots, r_n$ を定数とするとき，

任意の t について

$$w_1 a_{t+r_1} + w_2 a_{t+r_2} + \cdots + w_n a_{t+r_n} = 0 \pmod 2$$

が成り立つのは，$w_1 = w_2 = \cdots = w_n = 0 \pmod 2$ の場合

に限られるならば，n 個の系列 $\langle a_{t+r_1}\rangle, \langle a_{t+r_2}\rangle, \cdots, \langle a_{t+r_n}\rangle$ は1次独立であるという．

以上の準備のもとに，(1.19)式によって定義されるM系列乱数 $\langle x_t\rangle$ が k 次均等分布をするための必要十分条件を述べよう．

定理 1.3

$\langle x_t\rangle$ が k 次均等分布をするための必要十分条件は，$x_t, x_{t+1}, \cdots, x_{t+k-1}$ の各ビットを構成しているM系列 $\langle a_t\rangle$ の kl 個の要素全体がGF(2)上で1次独立であることである．

［証明］ 補助定理1.1により，次式で定義される k 倍長の数列 $\langle z_t\rangle$ が1次均等分布をするための条件を検討すればよい．

$$z_t = x_t; x_{t+1}; \cdots; x_{t+k-1}.$$

（必要性） もしも z_t に含まれている kl 個の要素全体が1次独立でないとすると，z_t のあるビットの値が他の複数個のビットの値によって定まってしまい，$\langle z_t\rangle$ が kl ビットのすべての2進数値を取ることが不可能になる．

（十分性） z_t に含まれるM系列の要素 $a_{t+\tau_i+j}$ は，必要ならば漸化式(1.15)を繰り返し使うことによって，$a_t, a_{t+1}, \cdots, a_{t+p-1}$ の1次結合で表せる．

$$a_{t+\tau_i+j}=\sum_{n=0}^{p-1}e_{jn}^{(i)}a_{t+n},\ \ 1\leqq i\leqq l,\ 0\leqq j\leqq k-1. \quad (1.32)$$

ここで，係数 $e_{jn}^{(i)}$ は t には依らないことに注意しよう．また，等号は GF(2) 上でのものであり，以下でも同様である．さて，(1.32)式の左辺の要素全体が 1 次独立であるならば，

$$\sum_{i=1}^{l}\sum_{j=0}^{k-1}w_{ij}a_{t+\tau_i+j}=0 \quad (1.33)$$

が成り立つのは

$$w_{ij}=0,\quad 1\leqq i\leqq l,\ 0\leqq j\leqq k-1 \quad (1.34)$$

のときに限られる．

(1.32)を(1.33)に代入すると，

$$\sum_{i=1}^{l}\sum_{j=0}^{k-1}w_{ij}\left(\sum_{n=0}^{p-1}e_{jn}^{(i)}a_{t+n}\right)=\sum_{n=0}^{p-1}\left(\sum_{i=1}^{l}\sum_{j=0}^{k-1}w_{ij}e_{jn}^{(i)}\right)a_{t+n}$$
$$=0 \quad (1.35)$$

が得られる．(1.35)式の右辺は $a_t, a_{t+1}, \cdots, a_{t+p-1}$ の 1 次結合であるから，これが任意の t に対して 0 になるのは，その係数がすべて 0，すなわち

$$\sum_{i=1}^{l}\sum_{j=0}^{k-1}w_{ij}e_{jn}^{(i)}=0,\quad 0\leqq n\leqq p-1 \quad (1.36)$$

が成り立つ場合に限られる（M 系列の性質 P4）．

さて，(1.36)式が成り立つのが(1.34)式が成り立つときに限られることから，ベクトルの組

$$\boldsymbol{e}_j^{(i)}=(e_{j0}^{(i)}, e_{j1}^{(i)}, \cdots, e_{j,p-1}^{(i)}),\quad 1\leqq i\leqq l,\ 0\leqq j\leqq k-1 \quad (1.37)$$

が1次独立であることが導かれる．これらのベクトルを各行に並べて得られる kl 行 p 列の行列を E と書くことにすると，(1.32)式は

$$\boldsymbol{b}_t = E\boldsymbol{a}_t \tag{1.38}$$

と書ける．ただし，$\boldsymbol{b}_t$ は(1.32)の左辺の要素を並べて得られる列ベクトル，$\boldsymbol{a}_t$ は $a_t, a_{t+1}, \cdots, a_{t+p-1}$ を成分とする列ベクトルを表す．$kl \leqq p$ であるから，E は一般に横長の行列である．そこで，E の下に互いに独立で E の各行とも独立な $(p-kl)$ 本の行ベクトルを追加して，階数が p の行列 E^* を作ることができる．したがって

$$\boldsymbol{b}_t^* = E^*\boldsymbol{a}_t \tag{1.39}$$

とおくと，$\boldsymbol{a}_t$ と $\boldsymbol{b}_t^*$ とは1対1に対応することになる．ベクトルの系列 $\langle \boldsymbol{a}_t \rangle$ の周期は $T=2^p-1$ で，1周期中では $\boldsymbol{0}_p$ を除くあらゆる0-1ベクトル値を1回ずつ取る（M系列の性質P1，P2）から，$\langle \boldsymbol{b}_t^* \rangle$ も同じ性質を有する．$\boldsymbol{b}_t$ の各成分はM系列の要素であるから，$\langle \boldsymbol{b}_t \rangle$ の周期も T である．また $\boldsymbol{b}_t$ は $\boldsymbol{b}_t^*$ の最初の kl 個の成分を取り出して得られるベクトルであるから，$\langle \boldsymbol{b}_t \rangle$ の1周期中には，$\boldsymbol{0}_{kl}$ を除くあらゆる0-1ベクトル値が同数（$=2^{p-kl}$）回，$\boldsymbol{0}_{kl}$ がそれより1回少ない回数だけ現れることになる．したがって，$\boldsymbol{b}_t$ によって構成される $\langle z_t \rangle$ は1次均等分布をする．

系　p 次の原始多項式によって生成されるM系列を用いて構成される l ビットのM系列乱数の均等分布の最大

次数は

$$m = \lfloor p/l \rfloor \tag{1.40}$$

である.

2.2.2 M 系列乱数の生成アルゴリズムの設計法（一般論）

2.2.1 節で述べたとおり，M 系列乱数 $\langle x_t \rangle$ が k 次均等分布をするための必要十分条件は，(1.38)式中の行列 E のすべての行ベクトルが 1 次独立である*ことである．E は t には依らないので，$\langle x_t \rangle$ が k 次均等分布をするかどうかは，M 系列の初期値 $\boldsymbol{a}_0 = (a_0, a_1, \cdots, a_{p-1})$ から $\langle x_t \rangle$ の初期値を条件

$$\begin{cases} \boldsymbol{b} = E\boldsymbol{a}_0, \\ E \text{ は最大階数} \end{cases}$$

が成り立つように設定するかどうかにかかっている．定理の証明中で述べたとおり，E は x_t の各ビットの位相のずれ $\tau_2, \cdots, \tau_l$ を与えれば定まるが，逆に E を与えれば $\tau_2, \cdots, \tau_l$ が定まる（M 系列の性質 P6）．したがって，これらの二つのうちのいずれかの方法で E が最大階数を有するようにすればよい．両方法の具体的手順と問題点を述べれば次のとおりである．

(1) 位相のずれ $\boldsymbol{\tau_2, \cdots, \tau_l}$ を与えて $\boldsymbol{E}$ を求める方法

定理 1.3 の証明中で述べたとおり，E は漸化式(1.15)を繰り返し使って求めることができる．E の階数は，例

---

* このとき，E は最大階数（full rank）を有するという．

えばガウスの消去法（の前進部分）を使って判定することができる．最大階数でなかった場合には，$\tau_2, \cdots, \tau_l$ を変更して再度試みることになり，一般に手間がかかる．位相のずれを最初に与えるので，自己相関関数 $R(s)$ の値がほぼ 0 になる範囲の上界 s_0 （(1.27)式）がただちにわかるという利点があるが，s_0 をきわめて大きくしようとすると，E を求めるために漸化式(1.15)を繰り返し使用する回数が極端に多くなってしまうという欠点がある．ただし，次の技巧を用いることによって，この回数を減らすことは可能である．

まず，GF(2) 上では，任意の多項式 $g(D)$ に対して

$$\{g(D)\}^2 = g(D^2) \qquad (1.41)$$

が成り立つ．なぜなら，

$$g(D) = g_0 + g_1 D + g_2 D^2 + \cdots + g_n D^n,$$
$$g_i = 0 \text{ または } 1 \ (0 \leqq i \leqq n)$$

とすると，

$$\{g(D)\}^2 = (g_0^2 + g_1^2 D^2 + g_2^2 D^4 + \cdots + g_n^2 D^{2n}) + 2(g_0 g_1 D + g_0 g_2 D^2 + \cdots + g_{n-1} g_n D^{2n-1})$$

であるが，GF(2) 上では $g_i^2 = g_i$，$2g_i g_j = 0$ だからである．そこで，演算子で表現した $\langle a_t \rangle$ の満たす漸化式

$$f(D)a_t = 0 \qquad (\text{mod } 2)$$

の両辺に $f(D)$ を作用させると，

$$f(D)\{f(D)a_t\} = \{f(D)\}^2 a_t$$
$$= f(D^2)a_t = 0 \qquad (\mathrm{mod}\ 2)$$

が得られる．同様の操作を繰り返すことによって，一般に ν が 2 の整数べき乗であれば，$f(D^\nu)a_t = 0\ (\mathrm{mod}\ 2)$，すなわち漸化式

$$a_t = c_1 a_{t-\nu} + c_2 a_{t-2\nu} + \cdots + c_p a_{t-p\nu} \quad (\mathrm{mod}\ 2) \tag{1.42}$$

が成り立つことが導かれる．ν はふつう $t-p\nu$ が非負でなるべく小さくなるように，したがって t/p 以下で最大の 2 の整数べき乗*となるように選ぶとよい．

例 1.2 $f(D) = 1 + D^{489} + D^{521}$ の場合に，a_{52100} を $a_0, a_1, \cdots, a_{520}$ の 1 次結合で表してみよう．（ここでは，(mod 2) という添え書きを省略する．）まず $\nu^*(52100/521) = \nu^*(100) = 64$ であるから，

$$a_{52100} = a_{52100-64\cdot 489} + a_{52100-64\cdot 521}$$
$$= a_{20804} + a_{18756}$$

となる．次に，$\nu^*(20804/521) = 32$ であるから

$$a_{20804} = a_{20804-32\cdot 489} + a_{20804-32\cdot 521}$$
$$= a_{5156} + a_{4132}$$

が得られ，また $\nu^*(18756/521) = 32$ であるから

* これを $\nu^*(t/p)$ と書くことにする．

$$\begin{aligned} a_{18756} &= a_{18756-32\cdot489} + a_{18756-32\cdot521} \\ &= a_{3108} + a_{2084} \end{aligned}$$

となる．以下同様の操作を繰り返すことによって，結局次式が得られる．

$$\begin{aligned} a_{52100} = a_0 + a_{14} + a_{28} + a_{46} + a_{110} + a_{128} + a_{174} + a_{202} \\ + a_{220} + b_{266} + a_{467} + a_{485} + a_{499} + a_{503} + a_{517}. \end{aligned}$$

このような表現は，計算機を使い，再帰呼出しのできるプログラム言語でプログラムを書けば，きわめて簡単に求めることができる．

(2) $\boldsymbol{E}$ を与えて $\boldsymbol{\tau_2}, \cdots, \boldsymbol{\tau_l}$ を求める方法

この方法の中心は，$(e_0, e_1, \cdots, e_{p-1})$ を与えて，

$$e_0 a_t + e_1 a_{t+1} + \cdots + e_{p-1} a_{t+p-1} = a_{t+r}$$

を満たす r を如何にして求めるかというところにある（M 系列の性質 P4）．しかし残念ながらそのための有効な手段は現在知られていない．E が与えられれば，$\tau_2, \cdots, \tau_l$ はわからなくても，乱数列を生成することはできるのであるが，自己相関関数 $R(s)$ の値がほぼ 0 となる範囲 $1 \leqq |s| < s_0$ が不明であるという欠点がある．

2.2.3 M 系列乱数の生成アルゴリズムの設計法（ビット間の位相差が一定の場合）

2.2.2 節では，$\tau_2, \cdots, \tau_l$ が一般の場合に，k 次均等分布をする系列 $\langle x_t \rangle$ を生成するアルゴリズムを設計するため

の二つの方法について述べたが，それらにはいずれにも難点があった．本節では，“$\tau_{i+1}-\tau_i=$一定”という制約を課せば，ずっと有効な方法があることを示す．この制約は，実用上特に支障があるものとは考えられないので，一般には本節で述べる方法を使うのがよいであろう．

τをM系列$\langle a_t\rangle$の周期Tと互いに素な自然数とし，

$$\tau_i=(i-1)\tau,\quad 2\leqq i\leqq l \tag{1.43}$$

とおく．そうすると(1.19)式で定義したx_tは

$$x_t=0.a_t a_{t+\tau} a_{t+2\tau}\cdots a_{t+(l-1)\tau}\quad \text{(2 進表現)} \tag{1.44}$$

となり，x_tの隣接するビット間の位相差は一定でτとなる．この系列を，$\langle a_t\rangle$の特性多項式を明示して$\langle x_t(f;\tau)\rangle$と書くことにし，また便宜上“縦型系列”と呼ぶことにする．

一方，σをTと互いに素な自然数として，次のようにして構成されるlビットの2進数の系列$\langle y_t\rangle$を考える．

$$y_t=0.a_{\sigma t} a_{\sigma t+1} a_{\sigma t+2}\cdots a_{\sigma t+l-1}\quad \text{(2 進表現)}. \tag{1.45}$$

この系列を$\langle y_t(f;\sigma)\rangle$と書くことにし，また“横型系列”と呼ぶことにする．

次に，二つの周期列が位相を適当にずらせば一致するという意味で同値であることを，記号“$\simeq$”を使って表現することにする．このとき，縦型系列と横型系列の間に次の同値関係が成り立つ．なお，記号f_i, C_i等の意味については，M系列の性質P8の項（2.1.4節）を参照されたい．

定理 1.4

$\sigma \in C_i, \tau \in C_j$ ならば,

$$\langle x_t(f_0;\tau)\rangle \simeq \langle y_t(f_j;\tau^{-1})\rangle, \tag{1.46}$$

$$\langle y_t(f_0;\sigma)\rangle \simeq \langle x_t(f_i;\sigma^{-1})\rangle \tag{1.47}$$

である. ここに, σ^{-1}, τ^{-1} は, それぞれ T を法とする乗算に関する σ, τ の逆元を表す.

［証明］　系列 $\langle y_t(f;\sigma)\rangle$ の小数点以下第 $(n+1)$ ビット $(0 \leqq n \leqq l-1)$ を取り出して得られる数列 $\langle a_{\sigma t+n}(f_0)\rangle$ は, M 系列 $\langle a_t(f_0)\rangle$ の σ-系統サンプリングになっているから

$$a_{\sigma t+n}(f_0) = a_{\sigma(t+n\sigma^{-1})}(f_0) = a_{t+n\sigma^{-1}+r}(f_i)$$

が成り立つ. ここに, r は n によらない定数である. これから, 定理の中の第2の関係式が得られる. 第1の関係式の証明も同様である.

この定理を用いると, 自己相関関数 $R(s)$ の値がほぼ0になる範囲 $1 \leqq |s| < s_0$ が十分に広く, かつ多次元均等分布をする系列を生成するアルゴリズムを容易に設計できる.

(1)　ビット数 l が2の整数べき乗である場合

$\tau = 2^p/l$ $(\in C_0)$ とすると, $\tau^{-1} = l$ であるから, 定理 1.4 により

$$\langle x_t(f_0;\tau)\rangle \simeq \langle y_t(f_0;l)\rangle \tag{1.48}$$

が成立する．$y_0(f_0;l), y_1(f_0;l), \cdots$ はM系列 $\langle a_t(f_0)\rangle$ の相続く要素 $a_0, a_1, \cdots, a_{l-1}; a_l, a_{l+1}, \cdots, a_{2l-1}; \cdots$ によって構成されるから，$\langle y_t(f_0;l)\rangle$ は $\lfloor p/l \rfloor$ 次の均等分布をし，したがって，$\langle x_t(f_0;\tau)\rangle$ も $\lfloor p/l \rfloor$ 次の均等分布をする．また明らかに $s_0=\tau-1$ である．ふつう使う原始多項式の次数 p は百〜数百程度なので，この s_0 は実用上十分に大きい値となる．また，このように τ を選んで生成される系列は，p 次の原始多項式によって生成される l ビットの系列のうちで，s_0 および均等分布の次数が最大である．

(2) ビット数 l が2の整数べき乗でない場合

均等分布の次数を最大にするという意味では，$\tau^{-1}=l$ となるように τ を選ぶのがよいのではあるが，そのような τ を探すのが一般に大変であり，また τ が属する剰余類 C_j およびそれに対応する原始多項式 $f_j(\neq f_0)$ を求めるのも大変である．したがって，ふつうは次のようにするのが実際的であろう．2の整数べき乗数のうちで，l より大きくて最小のものを l' とし，$\tau=2^p/l'$ とおく．定理により

$$\langle x_t(f_0;\tau)\rangle \simeq \langle y_t(f_0;l')\rangle \tag{1.49}$$

が成立する．$\langle y_t(f_0;l')\rangle$ は，(1) の方法で l' ビットの乱数列を生成し，その上位 l ビットだけを取り出したものになっているから，少なくとも $\lfloor p/l' \rfloor$ 次の均等分布をする．それより高次の均等分布をするかどうかは，2.2.2節の (1) で述べた方法を用いれば判定できる．また $s_0=\tau$ で

あることは容易にわかる．

初期値の設定方法

横型系列 $\langle y_t \rangle$ は，縦型系列 $\langle x_t \rangle$ の性質を明らかにするためには便利なものであるが，定義式(1.45)に忠実に従ってM系列 $\langle a_t \rangle$ から $\langle y_t \rangle$ を構成するのでは，時間がかかりすぎて実用的でない．乱数を多数発生する段階では，すでに述べたとおり，$\langle x_t \rangle$ の満たす漸化式(1.20)を使用することとし，この漸化式を使用するための初期値の設定段階でのみ $\langle y_t \rangle$ を利用して

$$x_0 = y_0, \quad x_1 = y_1, \quad \cdots, \quad x_{p-1} = y_{p-1}$$

とするのがよい．

例 1.3　$f(D) = 1 + D^{32} + D^{521}$,　$l = \tau^{-1} = 32.$

この場合，

$$y_t = 0.\, a_{32t} a_{32t+1} \cdots a_{32t+31}$$

であるから，初期値 $x_0, x_1, \cdots, x_{520}$ は，M系列 $\langle a_t(f) \rangle$ の初めの $521 \times 32 = 16672$ 項を用いて設定することになる．このうち初めの521項，すなわち $a_0, a_1, \cdots, a_{520}$ は，すべてが0でない限り任意に与えてよいが，残りの16151項は漸化式

$$a_t = a_{t-32} + a_{t-521} \qquad (\mathrm{mod}\ 2) \tag{1.50}$$

を満たすように生成しなければならない．ただし，実際に計算機を用いる場合には，(1.50)式を16151回使って1ビットずつ初期値を構成していく必要はなく，例えば次のように論理演算の機能を利用して32ビットずつ並列に

処理することによって，ずっと少ない演算回数で初期値の設定ができるのがふつうである．

いま $\langle x_t \rangle$ に対応する整数の系列 $\langle X_t \rangle$

$$X_t = 2^l x_t$$

を考える*．$\langle X_t \rangle$ の初期値 $X_0, X_1, \cdots, X_{520}$ は次のようにして設定できる．

1° 32ビットの2進整数 X_t（$0 \leqq t \leqq 16$）を任意に与える．ただし，すべてが0ではないようにする．

2° X_{16} を次式により更新する．

$$X_{16} = (R^9 X_0 \oplus X_{15}) + M^{32}(L^{23} X_{16}).$$

3° 漸化式

$$X_t = M^{32}((L^{23} X_{t-17} + R^9 X_{t-16}) \oplus X_{t-1})$$

を用いて X_t（$17 \leqq t \leqq 520$）を求める．

この手順中の $+$ は論理和，$\oplus$ は排他的論理和，L^{32} は23ビット左論理シフト，R^9 は9ビット右論理シフト，M^{32} は下位32ビットを取り出すマスク演算を表す．1語$=$32ビットの計算機を用いるなら，もちろんマスク演算は実際には不要になる．また，手順1°，2°の意味は次のとおりである．$X_0, \cdots, X_{15}$ の各ビットを構成するのは，M系列 $\langle a_t \rangle$ の初期値 a_t（$0 \leqq t \leqq 520$）の一部分である

* 整数の系列を考えるのは，ふつうの計算機に備わっているEOR（排他的論理和）の演算機能では，浮動小数点表示の数のビットごとの繰り上りなしの足し算は処理できないからである．

X_0 :	a_0	a_1	a_2	$\cdots\cdots a_8$	a_9	a_{10}	$\cdots\cdots a_{29}$	a_{30}	a_{31}
R^9X_0 :	0	0	0	$\cdots\cdots 0$	a_0	a_1	$\cdots\cdots a_{20}$	a_{21}	a_{22}
X_{15} :	a_{480}	a_{481}	a_{482}	$\cdots\cdots a_{488}$	a_{489}	a_{490}	$\cdots\cdots a_{509}$	a_{510}	a_{511}
(旧) X_{16} :	a^*_{512}	a^*_{513}	a^*_{514}	$\cdots\cdots a^*_{520}$	a^*_{521}	a^*_{522}	$\cdots\cdots a^*_{541}$	a^*_{542}	a^*_{543}
$M^{32}(L^{23}X_{16})$:	a^*_{535}	a^*_{536}	a^*_{537}	$\cdots\cdots a^*_{543}$	0	0	$\cdots\cdots 0$	0	0
(新) X_{16} :	a_{512}	a_{513}	a_{514}	$\cdots\cdots a_{520}$	a_{521}	a_{522}	$\cdots\cdots a_{541}$	a_{542}	a_{543}

図1.6　例1.3の系列の初期値設定法

から，任意に与えることができる．しかし，X_{16} については，上位の9ビットは任意に与えてよいが，下位の23ビットは a_t $(521 \leqq t \leqq 543)$ であるから，M系列の初期値に従属して定めなければならない．ところが，

$$a_t = a_{t-32} \oplus a_{t-521}$$

であるから，a_t $(521 \leqq t \leqq 543)$ は X_0 の上位23ビットおよび X_{15} の下位23ビットから定まることになる．手順2° によってこの操作が行われるのである（図1.6）．図中の $a^*_{535} \cdots a^*_{543}$ の部分は，手順1° で任意に与えた X_{16} の下位9ビットを表している．これと X_{15} の上位9ビットとの論理和をとったものが更新された X_{16} の上位9ビットになっている．なお，手順3° の意味は，上記の手順2° に関する説明から類推すれば，容易に理解できるであろう．

初期値の設定終了後は，漸化式

$$X_t = X_{t-32} \oplus X_{t-521} \tag{1.51}$$

を用いて $\langle X_t \rangle$ を生成すればよい．

2.2.4　上位ビットの均等分布の次数が大きい系列

すでに述べたとおり，l ビットのM系列乱数を p 次の原始多項式に基づいて生成する場合，達成可能な均等分布の最大次数は $\lfloor p/l \rfloor$ である．したがって，均等分布の次数が高い系列を生成するためには，ふつうは次数 p の大きい原始多項式を使用することになる．しかし，p がきわめて大きい原始多項式は既存の表には載っていないので，まず原始多項式を探すところから始めなければならないし，原始多項式が見つかったとしても，乱数の生成のために多量のメモリを必要とするという欠点がある．一方，例えば1語が32ビットの計算機を使って $l=32$ ビットの乱数列を生成するとして，最下位のビットまでの精度で多次元均等分布をしていることが要求されるシミュレーションは数少ないであろう．実際，それに見合う精度で最終結果を得ようとすれば，必要なシミュレーションの反復回数は天文学的な数字となり，ほとんど実行不可能であろう．したがって，上位のある程度のビットに注目したときの均等分布の次数が大きい系列が作れれば，実用上便利であろう．

上位 l' ビットに注目したときの均等分布の次数は高々 $\lfloor p/l' \rfloor$ である．実際の均等分布の次数は，2.2.2節で述べた算法によって調べられる．$1 \leqq l' \leqq l$ の範囲のすべての l' について最大次数 $\lfloor p/l' \rfloor$ を達成している系列は，大変に好ましいものであるといえるであろう．（この性質を持つ系列は，asymptotic randomness を満たす系列であると言われる．）そのような系列を設計するための有効な算法は知られていないが，試行錯誤によって次の系列が得られている．

例 1.4　$f(D)=1+D^{273}+D^{607},\quad l=23,$

$$\langle y_t(f;512)\rangle \simeq \langle x_t(f;2^{598})\rangle$$

この系列を生成するためには，整数 $X_t=2^{23}x_t$ の系列に対する漸化式

$$X_t = X_{t-273} \oplus X_{t-607}$$

を用いる．そのための初期値 $X_t\,(0 \leqq t \leqq 606)$ の設定は次のようにするとよい．まず，32 ビットの系列 $\langle y_t'(f;512)\rangle \simeq \langle x_t'(f;2^{598})\rangle$ を考える．この系列の上位あるいは下位 23 ビットを取り出したものが $\langle x_t\rangle$ である．そして，$512=32\times 16$ であることに注意すると，$\langle y_t'(f;512)\rangle$ は 32 ビットの系列 $\langle y_t''(f;32)\rangle$ の 16-系統サンプリングになっていることがわかる．したがって次の操作を行えばよい．

1°　整数の系列 $\langle 2^{32}y_t''(f;32)\rangle$ の初期値（$0 \leqq t \leqq 606$ に相当する部分）を設定し，それらの下位（または上位）23 ビットを取り出したものを Y_t''（$0 \leqq t \leqq 606$）とする．

2°　漸化式

$$Y_t'' = Y_{t-273}'' \oplus Y_{t-607}''$$

を用いて，Y_t''（$607 \leqq t \leqq 16\times 606$）を求める．

3°　$X_t = Y_{16t}''$（$0 \leqq t \leqq 606$）とおく．

これらの手順のうちで，1° は具体的には例えば次のよ

表 1.6 例 1.5 の系列の上位 l' ビットの均等分布の最大次元

l'	2	3	4	5	6	7	8	9	10	11	12	13	14	15	16	17	18	19	20	21	22	23	24	25	26	27	28	29	30	31	32
次元	260	170	130	102	81	72	64	57	49	41	40	37	33	32	32	30	26	26	24	22	22	22	19	18	17	16	16	16	16	16	16
上界	260	173	130	104	86	74	65	57	52	47	43	40	37	34	32	30	28	27	26	24	23	22	21	20	20	19	18	17	17	16	16

うにするとよい.

1.1° 32 ビットの 2 進整数 Y_t'' ($0 \leqq t \leqq 18$) を任意に与える. ただし, すべてが 0 ではないようにする.

1.2° Y_{18}'' を次式によって更新する.

$$Y_{18}'' = (R^{31}Y_0'' \oplus R^{17}Y_0'') + M^{32}(L^1 Y_{18}'').$$

1.3° 漸化式

$$Y_t'' = M^{32}((L^1 Y_{t-19}'' + R^{31} Y_{t-18}'') \oplus (L^{15} Y_{t-9}'' + R^{17} Y_{t-8}''))$$

を用いて Y_t'' ($19 \leqq t \leqq 606$) を求める.

1.4° 下位 23 ビットを取り出す:

$$Y_t'' = M^{23} Y_t'' \quad (0 \leqq t \leqq 606)$$

次の系列は, 上記の系列のようにすべての $l'(1 \leqq l' \leqq l)$ について均等分布の最大次数を達成しているわけではないが, それに近い次数を達成しており, また後に 2.2.6 節で述べるようにある種の好ましい性質を有しているものである.

例 1.5 $f(D) = 1 + D^{32} + D^{521}$, $l = 32$,

$$\langle y_t(f; 512)\rangle \simeq \langle x_t(f; 2^{512})\rangle$$

表 1.6 は, 各 l' ($1 \leqq l' \leqq 32$) に対するこの系列の均等分布の次数を 2.2.2 節で述べた方法を用いて調べた結果

を示したものである．

この系列は，例1.3の系列の16-系統サンプリングになっているので，初期値の設定はその事実を利用して前記の例1.4と類似の方法で行えばよく，また系列の生成段階では例1.3とまったく同じ漸化式(1.51)を用いればよい．

簡単な設計法（ビットの置換）

前記のような性質を持った系列を試行錯誤によって探すのは，大変に手間がかかって不便である．そこで，簡便で，ある程度目標を達成できる設計方法を挙げておこう．この方法によって設計された系列は，すべての l'（$1 \leqq l' \leqq l$）について均等分布の次数が可能な最大値 $\lfloor p/l' \rfloor$ を達成していることが保証されるわけではないが，l' が2の整数べき乗の場合には次数が最大になっていることが保証される．

本方法は，$x_t = 0.\, a_t a_{t+\tau} \cdots a_{t+(l-1)\tau}$ のビットを適当に置換することによって新しい系列を得るものである．ただし，置換の操作を実際に行う必要があるのは初期値の設定段階だけであり，乱数を生成する段階では $\langle x_t \rangle$ を生成するときとまったく同じ漸化式を使えばよい．

まず，任意の自然数 i に対して，2の整数べき乗数の中で i 以上で最小のものを $e(i)$ と書くことにする．この $e(i)$ を用いて，整数の集合 $\{1, 2, 3, \cdots, e(l)\}$ から $\{0, 1, 2, \cdots, e(l)-1\}$ への1対1写像 $\pi(\cdot)$ を

$$\pi(i) = (2i-1)e(l)/e(i) - e(l), \quad 1 \leqq i \leqq e(l) \tag{1.52}$$

表 1.7 写像 $\pi(\cdot)$ の例 ($16 < l \leqq 32$)

i	1	2	3	4	5	6	7	8	9	10	11	12	13	14	15	16	17	18	19	⋯	31	32
$\pi(i)$	0	16	8	24	4	12	20	28	2	6	10	14	18	22	26	30	1	3	5	⋯	29	31
$e(i)$	1	2	4	4	8	8	8	8	16	16	16	16	16	16	16	16	32	32	32	⋯	32	32

で定義する．一例として，表1.7に，$16 < l \leqq 32$ の場合の $e(i), \pi(l)$ の値を示した．$\pi(i)$ は，また次のように定義することもできる．i を $\log_2 e(l)$ ビットの2進整数として表現し，その左右（上位と下位）を入れ替えたものが $\pi(i)$ の2進表現である．例えば，表1.7の例では，$e(l) = 32$，$\log_2 e(l) = 5$ であるから，$i = 6$ の2進表現は00110で，左右を入れ替えると01100，したがって $\pi(i) = 12$ となる．

さて，写像 $\pi(\cdot)$ を用いて $x_t = 0.\,a_t a_{t+\tau} a_{t+2\tau} \cdots a_{t+(l-1)}$ から x'_t を次のようにして構成する．

$$x'_t = 0.\,a_t a_{t+\pi(2)\tau} a_{t+\pi(3)\tau} \cdots a_{t+\pi(l)\tau}. \tag{1.53}$$

系列 $\langle x'_t \rangle$ の均等分布に関しては，次のことが成り立つ．

定理 1.5 $\tau = 2^p / e(l)$ とすると，$\langle x'_t \rangle$ の上位 i ビットは，$\lfloor p/e(i) \rfloor$ 次均等分布をする．

［証明］ x'_t の上位 i ビットを取り出して得られる系列が k 次均等分布をすれば，上位 i' ビット（$i' \leqq i$）を取り出して得られる系列も少なくとも k 次均等分布をするこ

とは，定理1.3から明らかである．したがって，iが2の整数べき乗に等しいときに定理の主張が正しいことを証明すれば十分である．

$i=1$のときは自明である．次に$i \geqq 2$とし，$\tau e(l)/i = 2^p/i = d$とおく．x'_tの上位iビットを構成しているM系列の要素の集合は

$$\{a_t, a_{t+d}, a_{t+2d}, \cdots, a_{t+(i-1)d}\}$$

である．したがって，定理1.4により，$\langle x'_t \rangle$の上位ビットからなる系列の均等分布の次数は，横型系列$\langle y_t(f; d^{-1}) \rangle = \langle y_t(f; i) \rangle$の均等分布の次数，すなわち$\lfloor p/i \rfloor = \lfloor p/e(i) \rfloor$に等しい．ここに，$f$は$\langle a_t \rangle$の特性多項式である．

2.2.5　多数項の原始多項式に基づく乱数列の高速発生法

すでに述べたとおり，M系列を用いて乱数列を発生する場合には，縦型系列$\langle x_t \rangle$の満たす漸化式(1.20)を使うのが普通である．この場合，乱数1個を発生するのに要する時間は，原始多項式の項数にほぼ比例して増加するので，速度を重視する結果，項数が最小（すなわち3項）の原始多項式を用いることが圧倒的に多く，その他ではせいぜい5項式が使われる程度である．

本節では，きわめて多数の項からなる原始多項式に基づく乱数列を3項の原始多項式に基づくものと同じ速さで発生する方法について述べる．ただし，本方法は，任意の原始多項式に対して適用可能ではなく，特定のものに限ら

れること，また，速さの代償として，同じ次数の3項式を用いる場合に比べて3倍の大きさのテーブルを必要とすることに注意する必要がある．

既約でない多項式を用いたM系列の発生法

本方法の基本的な原理は，“既約でない3項式を用いてM系列を発生させること”である．一般にp次の原始多項式

$$f(x)=1+c_1x+c_2x^2+\cdots+x^p \tag{1.54}$$

に基づくM系列$\langle a_t\rangle$を発生させる場合には，漸化式

$$a_t=c_1a_{t-1}+c_2a_{t-2}+\cdots+a_{t-p} \pmod 2 \tag{1.55}$$

を用いて直前のp個の値$a_{t-1}, a_{t-2}, \cdots, a_{t-p}$だけから$a_t$を求めるのが通常の方法である．しかしながら，いま$s$次（$s>p$）の既約でない多項式

$$F(x)=1+C_1x+C_2x^2+\cdots+C_sx^s, \quad C_s=1 \tag{1.56}$$

が原始多項式$f(x)$で割り切れる，すなわち$Q(x)$をある多項式として

$$F(x)=Q(x)f(x) \tag{1.57}$$

と書けるならば，M系列$\langle a_t\rangle$は漸化式

$$a_t=C_1a_{t-1}+C_2a_{t-2}+\cdots+C_sa_{t-s} \pmod 2 \tag{1.58}$$

をも満足するから，(1.55)式の代りに(1.58)式を用いて発生させることもできる．そこで$F(x)$として3項式を選べば，(1.58)も3項間の関係となり，$f(x)$の項数がいく

ら多くても，排他的論理和をとる演算を1回行うだけでM系列の要素を1個発生できることになる．ただし，初期値として独立に選べるのはp項だけで，残りの$(s-p)$項は，(1.55)式を満足するように定めないと，一般にはM系列にならないことに注意する必要がある．

このように，任意の原始多項式$f(x)$に対して，(1.57)式を満たす3項式$F(x)$さえ見つかれば，$f(x)$に基づく縦型系列$\langle x_t \rangle$を高速に発生させることが可能になるのであるが，一般にはそのような$F(x)$を見つけるのがきわめて困難であり，また，かりに見つかったとしても，その次数pがあまり大きくては，記憶領域および初期値設定に要する時間の点で実用的とはいえない．そこで逆に，ある種の3項式$F(x)$に対して，これを割り切る多数項の原始多項式$F(x)$が存在することを示そう．

M系列の系統抽出

M系列の性質P8により，σを$\langle a_t \rangle$の周期$T=2^p-1$と互いに素な正整数とすると，$\langle b_t \rangle = \langle a_{\sigma t} \rangle$もまたM系列であり，それに対応する原始多項式$g(x)$の次数は$p$である．ここで$\sigma=3$とおくことにする．3が$T$と互いに素になるのは$p$が奇数の場合に限られるので，

$$p=2m+1, \quad m：正整数$$

とおくことにする．そして，τを

$$\tau=(2T+1)/3=4^m+4^{m-1}+\cdots+4+1 \qquad (1.59)$$

と選ぶと，$3\tau=1 \pmod{T}$であるから，$\langle a_t \rangle = \langle b_{\tau t} \rangle$が成り立つ（図1.7参照）．

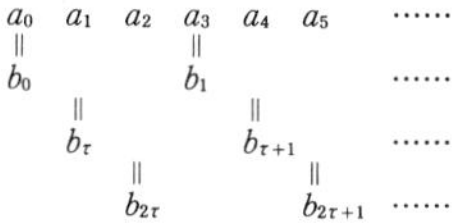

$$\begin{array}{ccccccc}
a_0 & a_1 & a_2 & a_3 & a_4 & a_5 & \cdots\cdots \\
\| & & & \| & & & \\
b_0 & & & b_1 & & & \cdots\cdots \\
& \| & & & \| & & \\
& b_\tau & & & b_{\tau+1} & & \cdots\cdots \\
& & \| & & & \| & \\
& & b_{2\tau} & & & b_{2\tau+1} & \cdots\cdots
\end{array}$$

図 1.7　系列 $\langle a_t \rangle$ と $\langle b_t \rangle$ の関係

ここで $g(x)$ として 3 項式

$$g(x) = x^p + x^q + 1 \quad (p > q) \tag{1.60}$$

をとる．このとき，$f(x)$ は $g(x)$ とは一致せず，一般に多数の項をもつ原始多項式となり，したがって $\langle a_t \rangle$ は多数項をもつ p 次の漸化式によって生成される M 系列となる．しかしながら

$$\begin{aligned}
& a_t + a_{t-3p} + a_{t-3q} \\
&= b_{\tau t} + b_{\tau(t-3p)} + a_{\tau(t-3q)} \\
&= b_{\tau t} + b_{\tau t-p} + a_{\tau t-q} \\
&= 0 \qquad (\mathrm{mod}\ 2)
\end{aligned}$$

であるから，$\langle a_t \rangle$ は $3p$ 次の 3 項漸化式

$$a_t = a_{t-3p} + a_{t-3q} \qquad (\mathrm{mod}\ 2) \tag{1.61}$$

によっても生成できることになる．これは，$3p$ 次の既約でない 3 項式

$$F(x) = g(x^3) = x^{3p} + x^{3q} + 1 \tag{1.62}$$

に対して，これを割り切る多数項*の原始多項式 $f(x)$ が

---

* 厳密に言えば，$f(x)$ の項数が 3 項にならないという保証はないが，p がある程度大きい場合，経験的には，$f(x)$ の項数は $p/2$ 程度になることが多い．

存在することを意味する.

乱数列の構成法

$\langle a_t \rangle$ を用いて l ビットの2進整数乱数列 $\langle X_t \rangle$ を構成する. ここでは話を簡単にするために, l が2のべき乗に等しいと仮定する. (そうでない場合には, l より大きい最小の2のべき乗数で以下の l を置き換えて乱数列を構成し, その上位あるいは下位 l ビットを取り出すようにすればよい. そして, そのための操作は, 初期値設定段階においてのみ行えば十分である.)

X_t を次のように構成する.

$$X_t = a_{lt}a_{lt+1}\cdots a_{lt+l-1} \qquad \text{(2 進表現)}. \qquad (1.63)$$

系列 $\langle X_t \rangle$ の任意に固定した位置に現れるビットの系列 $\langle a_{lt+j}; t=0, 1, 2, \cdots \rangle$ $(0 \leqq j \leqq l-1)$ は, $\langle a_t \rangle$ の要素を2のべき乗番目ごとに系統的に抽出したものになっている. したがって, それはM系列の性質P8により, $\langle a_t \rangle$ の位相をずらしたものになっているので, 漸化式(1.61)によって生成できる. $\langle X_t \rangle$ の任意の位置のビット列が(1.61)式によって生成できるのであるから, 系列 $\langle X_t \rangle$ は漸化式

$$X_t = X_{t-3p} \oplus X_{t-3q} \qquad (1.64)$$

によって生成できる.

初期値設定法の原理

漸化式(1.64)を用いて $\langle X_t \rangle$ を生成するためには, 初期値 $X_0, X_1, \cdots, X_{3p-1}$ を与える必要がある. この初期値を構成するM系列の要素は a_t $(0 \leqq t \leqq 3lp-1)$ であるか

ら，このうちの$0 \leqq t \leqq 3p-1$に相当する部分を与えれば，残りは漸化式(1.61)を用いて生成される．ところが，すでに述べたとおり，これら$3p$項の中で独立に与えることができるのはp項だけである．そこで，図1.7から容易にわかる関係

$$
\begin{aligned}
&\{a_t \mid 0 \leqq t \leqq 3p-1\} \\
&= \{b_t \mid 0 \leqq t \leqq p-1\} \cup \{b_{\tau+t} \mid 0 \leqq t \leqq p-1\} \\
&\qquad \cup \{b_{2\tau+t} \mid 0 \leqq t \leqq p-1\}
\end{aligned} \tag{1.65}
$$

を用いる．右辺の三つの集合のうち，例えば最後のものを任意に与えれば，残りの二つは一意的に定まる．これらは次の手順により求めることができる．

1° x^τを$g(x)$で割って得られる剰余多項式を求める．これは，下の註1に示す方法を用いれば$O(p^2)$の手間で求められるが，$g(x)$だけから求めることもできるので，あらかじめ計算して表にしておいてもよい．

2° 次の関係式

$$
\begin{aligned}
&(b_{\tau+p-q} + b_{\tau+p-q+1}x + \cdots + b_{\tau+p-1}x^{q-1}) \\
&\quad + (b_\tau x^q + b_{\tau+1}x^{q+1} + \cdots + b_{\tau+p-q-1}x^{p-1}) \\
&= \{(b_{2\tau+p-q} + b_{2\tau+p-q+1}x + \cdots + b_{2\tau+p-1}x^{q-1}) \\
&\quad + (b_{2\tau}x^q + b_{2\tau+1}x^{q+1} + \cdots + b_{2\tau+p-q-1}x^{p-1})\}x^\tau \\
&\quad (\mathrm{mod}\ g(x))
\end{aligned} \tag{1.66}
$$

を用いて $\{b_{t+\tau}\,|\,0 \leqq t \leqq p-1\}$ を求める．この計算は，p 項の多項式どうしの乗算であるから，$O(p^2)$ の手間でできる．

3° 同様に，関係式

$$\begin{aligned}
&(b_{p-q}+b_{p-q+1}x+\cdots+b_{p-1}x^{q-1})\\
&\quad+(b_0x^q+b_1x^{q+1}+\cdots+b_{p-q-1}x^{p-1})\\
&=\{(b_{\tau+p-q}+b_{\tau+p-q+1}x+\cdots+b_{\tau+p-1}x^{q-1})\\
&\quad+(b_\tau x^q+b_{\tau+1}x^{q+1}+\cdots+b_{\tau+p-q-1}x^{p-1})\}x^\tau\\
&\quad(\mathrm{mod}\ \ g(x))
\end{aligned} \tag{1.67}$$

を用いて $\{b_t\,|\,0 \leqq t \leqq p-1\}$ を求める．これも $O(p^2)$ の手間で計算できる．

註1 $x^\tau\,(\mathrm{mod}\ \ g(x))$ の求め方

τ は(1.59)式で与えられているので，

$$x^\tau = x^{4^m+4^{m-1}+\cdots+4+1} \tag{1.68}$$

である．いま，$x^{4^k+4^{k-1}+\cdots+4+1}$ を $g(x)$ で割って得られる剰余多項式を $h_k(x)$ と書くことにすると，容易に確かめられるように，

$$\begin{aligned}
h_{k+1}(x) &= \{h_k(x)\}^4x\\
&= [\{h_k(x)\}^2\,(\mathrm{mod}\ \ g(x))]^2x \quad (\mathrm{mod}\ \ g(x))
\end{aligned} \tag{1.69}$$

という漸化式が成り立つ．これを使って，$h_0(x)=x$ から出発して

$$h_m(x) = x^\tau \quad (\mathrm{mod}\ \ g(x))$$

を求めることができる．なお，GF(2) 上では一般に，

$$(\beta_0+\beta_1 x+\beta_2 x^2+\cdots+\beta_{p-1}x^{p-1})^2$$
$$=\beta_0+\beta_1 x^2+\beta_2 x^4+\cdots+\beta_{p-1}x^{2(p-1)} \qquad (1.70)$$

であるから，(1.69)式中の2乗の計算はきわめて単純である．この算法によって $h_m(x)$ を求める手間は $O(p^2)$ である．

註2 (1.66)式および(1.67)式の導出法

一般に

$$R_i(x)=\sum_{k=0}^{q-1} b_{i+p-q+k}x^k+\sum_{k=q}^{p-1} b_{i-q+k}x^k \qquad (1.71)$$

とおくと，

$$R_{i-1}(x)=b_{i-1+p-q}+\sum_{k=1}^{q-1} b_{i-1+p-q+k}x^k$$
$$+b_{i-1}x^q+\sum_{k=q+1}^{p-1} b_{i-1-q+k}x^k \qquad (1.72)$$

である．ここで，関係式

$$x^p+x^q=1 \qquad (\mathrm{mod}\ \ g(x)), \qquad (1.73)$$

$$b_{i-1}+b_{i-1+p-q}=b_{i-1+p} \qquad (\mathrm{mod}\ \ 2) \qquad (1.74)$$

より

$$b_{i-1+p-q}+b_{i-1}x^q=b_{i-1+p}x^q+b_{i-1+p-q}x^p \quad (1.75)$$

が成り立つから，(1.72)式は

$$R_{i-1}(x) = \sum_{k=1}^{q} b_{i-1+p-q+k}x^k + \sum_{k=q+1}^{p} b_{i-1-q+k}x^k$$
$$= \left(\sum_{k=0}^{q-1} b_{i+p-q+k}x^k + \sum_{k=q}^{p-1} b_{i-q+k}x^k\right)x$$
$$= R_i(x)\cdot x \qquad (1.76)$$

となる．これを j 回繰り返せば，

$$R_{i-j}(x) = R_i(x)\cdot x^j \qquad (1.77)$$

が得られる．(1.66)式および(1.67)式は，(1.77)式にそれぞれ $(i, j) = (2\tau, \tau), (\tau, \tau)$ を代入することにより得られる．

註3　原始多項式 $f(x)$ の形

上記のアルゴリズムでは，乱数列 $\langle X_t \rangle$ を構成しているM系列 $\langle a_t \rangle$ を生成する原始多項式 $f(x)$(1.54)の具体的な形は不要である．しかし，$f(x)$ の項数が実際に何項になるのかを，念のために確かめておくのがよいであろう．そして，それは次の手順によって実行できる．

上で述べた手続きにより，$\{b_{t+2\tau} \mid 0 \leqq t \leqq p-1\}$ を任意に与えて $\{a_t \mid 0 \leqq t \leqq 2p-1\}$ を求めることができる．これらを，(1.55)式で $t = p, p+1, \cdots, 2p-1$ とおいたものに代入すると，$f(x)$ の係数 $c_1, c_2, \cdots, c_p$ に関するGF(2)上の連立1次方程式が得られる．これを解くことによって $f(x)$ の形が陽に求められる．なお，この連立1次方程式の解が $\{b_t \mid 0 \leqq t \leqq p-1\}$ の与え方によらないことは，M系列の一般論によって保証されている．

2.2.6 部分列の多次元均等分布

真の乱数列の任意の部分列はまた乱数列であるが，アルゴリズムによって決定論的に発生される擬似乱数列については，その部分列が乱数列として用いるのに適当であるとは限らないので，部分列の性質は一般に別途検討する必要がある．

部分列の性質を吟味することの重要性は，Kolmogorov，Knuth，Tootill *et al.* 等によって論じられている．なかでも，Kolmogorov は，与えられた数列 $X = \langle x_t; t = 0, 1, 2, \cdots \rangle$ が乱数列と見なせるかどうかを，いろいろな部分列 $\langle x_{t_1}, x_{t_2}, x_{t_3}, \cdots \rangle$ の頻度分布が原系列の頻度分布に近いかどうかによって判定するという立場で議論を展開している．そして部分列の抽出規則の例をいくつか挙げているが，そのなかでも等間隔抽出（系統サンプリング）が，実用上とくに重要であろう．例えば待ち行列のシミュレーションでは，$Y = \langle x_0, x_2, x_4, \cdots \rangle$ を客の到着間隔の決定に使い，$Z = \langle x_1, x_3, x_5, \cdots \rangle$ をそれらの客に対する所要サービス時間の決定に使うという方法がよく使われる．この場合，原系列 X のみならず，部分列 Y, Z も乱数列と見なせることが必要である．前記の Knuth，Tootill *et al.* が論じているのも，等間隔抽出による部分列のランダムネスの重要性についてである．

このように，等間隔抽出によって得られる部分列もまた乱数列と見なせるような原系列の重要性は，比較的よく認識されているが，そのような性質をもった系列を簡単なアルゴリズムによって具体的に発生させる方法は，これまであまり提案されていない．ここでは，M系列の部分列の性質について調べてみる．

l ビットの横型系列 $\langle y_t(f;\sigma)\rangle$ を考え，これから n 番目ごとに系統的にサンプリングして得られる系列 $\langle y_{nt}; t=0,1,2\rangle$ が最大何次元まで均等分布をするか調べる．そのためには，定理1.3および定理1.4に基づき，2.2.2節で述べたようにガウスの消去法を用いればよい．なお，n としてどのような値を選ぶべきかは，適用しようとする問題によって決まることであるが，ここでは $1 \leqq n \leqq 16$ の範囲のすべての整数について調べてみた．

調べたのは，次の6つの系列である．

$A_1 : f(x) = 1 + x^{32} + x^{521}$, $\sigma = 32$, $l = 32$,

$A_2 : f(x) = 1 + x^{32} + x^{521}$, $\sigma = 32$, $l = 16$,

$A_3 : f(x) = 1 + x^{32} + x^{521}$, $\sigma = 512$, $l = 32$,

$A_4 : f(x) = 1 + x^{32} + x^{521}$, $\sigma = 512$, $l = 16$,

$B \ : f(x) = 1 + x^{15} + x^{127}$, $\sigma = 16$, $l = 16$,

$C \ : f(x) =$ (521次の原始279項式), $\sigma = 32$, $l = 32$.

C は，2.2.5節で述べた多数項の原始多項式に基づくM系列乱数の例であり，$p=512$，$q=32$ として得られるものである．調べた結果をまとめたのが表1.8である．なお，K は p 次の原始多項式に基づく l ビットのM系列乱数が均等分布することが可能な最大の次元で，

表1.8 系統サンプリングによって得られる系列 $\langle y_{nt}; t=0,1,2,\cdots\rangle$ の均等分布の次元

$n=$	1	2	3	4	5	6	7	8	9	10	11	12	13	14	15	16	K
A_1	16	16	11	16	13	13	15	16	16	13	12	15	10	15	13	16	16
A_2	16	24	21	20	13	27	27	22	26	29	28	30	28	32	32	32	32
A_3	16	16	16	16	16	16	16	16	16	16	16	16	16	16	16	16	16
A_4	32	32	32	32	32	32	32	32	32	32	32	32	32	32	32	32	32
B	7	7	7	7	7	7	1	7	7	7	7	7	7	7	7	7	7
C	16	16	16	16	16	16	16	16	16	16	16	16	16	16	13	16	16

$$K = \lfloor p/l \rfloor$$

である.

表1.8を見ると, A_3 および A_4 は, すべての n について, 均等分布の次元が最大値 K を達成しているという意味で優れている. これに対して, 同じ原始多項式を用いているが σ が異なる A_1 および A_2 にはやや難があるが, それでも最低10次元の均等分布が保証されているので, 実用上はほとんど差し支えないであろうと思われる. B の系列は, $n=7$ の場合の次元が極端に低いが, 上位15ビットのみに注目すれば(すなわち $l=15$ とすれば)すべての n について8次元の均等分布をすることが判明した. (この場合, $K=\lfloor 127/15 \rfloor = 8$ であることに注意.) したがって, 乱数の精度が15ビット以下でよい場合には好ましい系列のひとつであると言えよう. C の系列は, $n=15$ の場合にのみ $K=16$ 次元の均等分布をしていないが, 上位27ビットに着目すると16次元の均等分布を

することがわかったので，実用上は差し支えないであろう．

なお，A_3 の系列は，2.2.4節の例1.5で取り上げたものであり，そこで述べたとおり，asymptotic randomness という性質を近似的に満たしているという意味でも好ましいものであるということができる．

3 その他の生成法

線形合同法およびM系列を用いる方法の他にも，一様乱数の生成法はいろいろ提案されている．しかし，それらの理論的解析はほとんどできていないといってよいであろう．そこで，ここでは2〜3の方法について，ごく簡単に述べるにとどめる．

1次の漸化式(1.1)を用いる線形合同法のごく自然な拡張としては，高次の漸化式

$$X_n = a_1 X_{n-1} + a_2 X_{n-2} + \cdots + a_p X_{n-p} + c \pmod{M} \tag{1.78}$$

を用いる方法が考えられる．M が素数で $c=0$ の場合には，乗数 $a_1, \cdots, a_p$ をうまく選べば $\langle X_n \rangle$ の周期を M^p-1 にすることができる．ただし，初期値 $X_0, \cdots, X_{p-1}$ は，すべてが0でない限り任意に選んでよい．周期が M^p-1 になるための必要十分条件は，M 系列乱数の場合と同様に，(1.78)の特性多項式

$$f(x) = a_p x^p - a_{p-1} x^{p-1} - \cdots - a_1 x - 1 \tag{1.79}$$

が M を法とする体 GF(M) 上の原始多項式となっている

ことである.

(1.78)によって生成される数列 $\langle X_n \rangle$ が十分な精度をもつためには，法 M は相当大きくなければならないが，その場合には GF(2) の場合と違って，原始多項式の表が用意されていない．また，原始多項式を自ら探すことも，原理的には可能であり，そのための計算法もいろいろ工夫されているが，それでも一般に長大な計算時間を必要とし，簡単な仕事ではない．その上，原始多項式が見つかったとしても，(1.78)の漸化式で X_n を計算するのは，線形合同法乱数や M 系列乱数を発生するのに比べるとずっと長い時間を要する．そのようなわけで，この発生法は現在ほとんど実用にはされていないようである.

(1.78)式で，$c=0$，$a_p = a_q = 1$ ($q<p$) とし，他の乗数はすべて 0 として得られる漸化式

$$X_n = X_{n-q} + X_{n-p} \pmod{M} \qquad (1.80)$$

を用いる方法も提案されており，加算乱数生成法（additive number generator）と呼ばれている．これは 3 項の原始多項式を用いる M 系列乱数生成法(1.22)と似ているが，排他的論理和ではなくて足し算をするので桁上りがあり，したがって，mod M の演算が必要となる．p, q は，(1.80)の特性多項式

$$f(x) = x^p - x^q - 1 \qquad (1.81)$$

が（GF(M) 上ではなくて）GF(2) の原始多項式となるように選ぶ．この場合，$\langle X_n \rangle$ の最下位のビットを取り出して得られる系列は M 系列となるが，上位ビットのラン

ダムネスについては，理論的にはほとんど何もわかっていない．

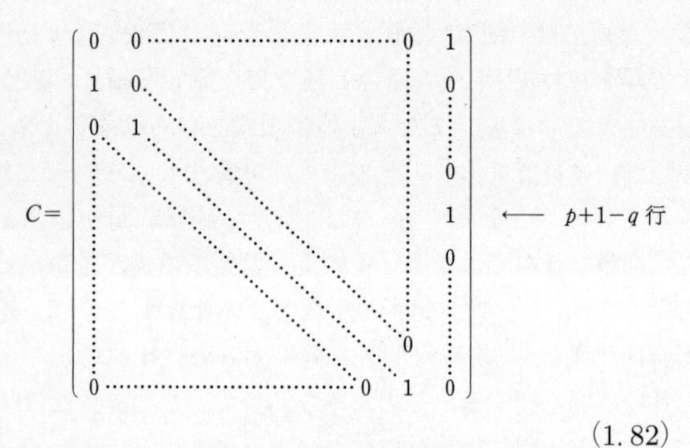

(1. 82)

$M=2^e$ の場合の周期は $(2^e-1)2^m$ $(0 \leqq m < e)$ であり，$m=e-1$ となって最長周期が達成されるための必要十分条件は次のとおりであることがわかっている：p 次の正方行列(1. 82)と単位行列 I，および整数 $L=2, 4, 8$ について

$C^n = I \pmod{L}$ を満たす最小の正整数 n は

$$n=(2^p-1)L/2$$

が成り立つこと．

漸化式(1. 80)の＋（足し算）の代りに引き算あるいは掛け算を用いる生成法も提案されているが，それらについても加算法と同様に，周期以外の理論的性質はほとんどわかっていない．

以上のような一般化の方向とはべつに，あまりランダムではない系列を加工して，比較的良い系列を得ようとする試みがいくつかある．昔から知られている手法は，任意の二つの系列 $\langle X_n \rangle$, $\langle Y_n \rangle$ の対応する二つの数 X_n と Y_n を（2進あるいは10進など適当な基数表現をした上で）桁上りなしで加えて新しい系列 $\langle Z_n \rangle$ を作り出すものである．$\langle Z_n \rangle$ のランダムネスについて現在わかっていることは，ある意味で $\langle X_n \rangle$, $\langle Y_n \rangle$ のいずれよりも悪くはならないということだけで，格段によくなるかどうかは不明である．

別な加工のしかたとして，系列 $\langle X_n \rangle$ の要素を使う順番を $\langle Y_n \rangle$ を使って“かきまぜる”方法がある．まず，一定個数 s（例えば $s=100$）の記憶場所 $A(i)$（$1 \leqq i \leqq s$）を用意して，その中に，$X_1, \cdots, X_s$ を入れる．これで初期設定が完了する．次に，$[0,1)$ 上の乱数 Y_1 を発生し，$i \leftarrow \lfloor sY_1 \rfloor + 1$ とし（i は整数値 $1, 2, \cdots, s$ のいずれかをとる），$A(i)$ を乱数として使用し，そこに $X(s+1)$ を補充しておく．以下同様にして進めばよい．

$\langle X_n \rangle$, $\langle Y_n \rangle$ の二つではなくて，$\langle X_n \rangle$ 一つだけを使って“自分自身でかきまぜる”やり方も提案されている．このやり方では，初期設定は上記のとおりである．また $n \leftarrow s+1$, $Y \leftarrow X_n$ としておく．乱数が必要なつど，次の操作を行う．

1°　$i \leftarrow \lfloor sY \rfloor + 1$.

2°　$Y \leftarrow A(i)$ とし，Y を乱数として使用する．

3° $n \leftarrow n+1$, $A(i) \leftarrow X_n$.

数列のもう一つの加工のしかたとして，Marsaglia 等によって作成された Super-Duper という奇妙な名前の乱数生成用プログラムパッケージの中で使われている方法を紹介しておこう．これは，一つの系列 $\langle X_n \rangle$ を使い，各 X_n にシフト演算と排他的論理和をとる演算を2回ずつ施すものである．（この方法はシフトレジスタ法と呼ばれることがあるが，2節で述べたフィードバック付きシフトレジスタ法とはまったく別物であることに注意する必要がある．）$\langle X_n \rangle$ はどういう方法で生成された系列でもよいが，Super-Duper では32ビットの整数演算を行うことを前提として，パラメタが $M=2^{32}$，$a=69069$，$c=0$ の線形合同法によって生成される系列を用いている．加工して得られる系列を $\langle Z_n \rangle$ とすると，

$$Z_n = (X_n \oplus R^{15} X_n) \oplus L^{17}(X_n \oplus R^{15} X_n)$$

である．Marsaglia によれば，$\langle Z_n \rangle$ の周期は約 5×10^{18} で，$\langle X_n \rangle$ の周期（約 10^{10}）よりもかなり長い．$\langle Z_n \rangle$ のランダムネスについては，理論的には何もわかっていない．

第２章　各種の分布に従う乱数の生成

この章では，一様分布以外の分布に従う乱数の生成法について述べる．これらは，一様乱数に何らかの変換を施して求めるのが普通である．原理的には，最初の節で述べる逆関数法によって，1 次元の任意の分布に従う乱数が生成できるのであるが，これは必ずしも速い方法ではない．そこで，高速化するための各種の一般的技巧，あるいは分布の特色を生かした発生法がきわめて多数提案されている．限られた紙数でそれらをすべて紹介することはもちろん不可能である．そこで本書では，主として比較的単純な算法をとり上げることにして，高速であっても複雑な算法は割愛した．はじめに一般的な技巧について述べ，その後で各種の分布に従う乱数の生成法を述べる．

以下では，区間 $[0, 1)$ 上の一様乱数を U，U_1，U_2 などで表し，これらは互いに独立であるものとする．また，発生させたい乱数を X とし，その分布関数を $F(x)$ で表し，それが連続分布ならば密度関数を $f(x)$ で表すことにする：

$$F(x) = \Pr\{X \leqq x\}, \qquad (2.1)$$

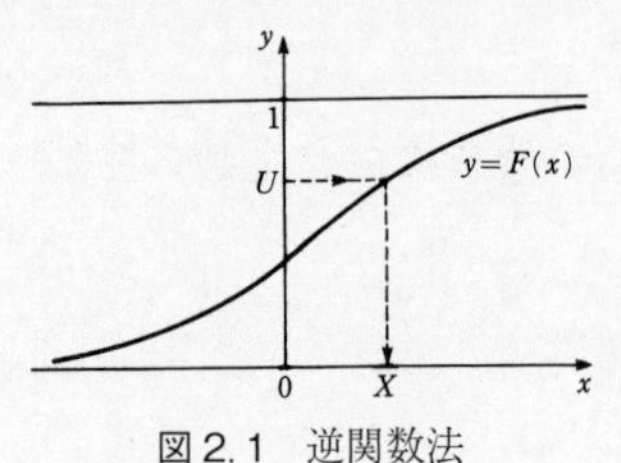

図2.1　逆関数法

$$f(x) = \frac{\mathrm{d}}{\mathrm{d}x}F(x). \tag{2.2}$$

1　逆関数法

分布関数 $F(x)$ の逆関数 $F^{-1}(y)$ を次式で定義する：

$$F^{-1}(y) = \inf\{x|F(x) \geqq y\}, \quad 0 \leqq y \leqq 1. \tag{2.3}$$

このとき，

$$X = F^{-1}(U)$$

とすれば，所望の分布 $F(x)$ に従う乱数が得られる（図2.1）．

なぜなら，

$$\begin{aligned}\Pr\{X \leqq x\} &= \Pr\{F^{-1}(U) \leqq x\} \\ &= \Pr\{U \leqq F(x)\} \\ &= F(x)\end{aligned}$$

だからである．

この方法は原理的には，連続分布でも離散分布でも，あらゆる分布に適用可能であるが，逆関数が簡単に計算できない場合も多く，また必ずしも高速な発生法が得られるとは限らない．次にいくつかの例を挙げよう．

例 2.1

① 指数分布

$$F(x) = 1-\mathrm{e}^{-x}, \quad x \geqq 0,$$
$$F^{-1}(x) = -\log(1-x)$$

であるから

$$X = -\log(1-U)$$

とすればよい．U が $[0,1)$ 上の一様乱数ならば，$1-U$ も同一区間上の一様乱数であるから，ふつうは速度を速めるために

$$X = -\log U \tag{2.4}$$

とする．ただし，$U=0$ となる場合に対する対策を講ずる必要がある．この X は平均が 1 の指数分布に従うから，平均が μ の指数乱数が必要な場合には $-\mu \log U$ を採ればよい．

② ワイブル分布

$$F(x) = 1-\exp(-x^{\alpha}), \quad x \geqq 0,$$
$$X = (-\log U)^{1/\alpha}. \tag{2.5}$$

③ 二重指数分布（グンベル分布）

$$F(x) = \exp(-\exp(-x)), \quad -\infty < x < +\infty,$$
$$X = -\log(-\log U). \tag{2.6}$$

④ コーシー分布

$$F(x) = \frac{1}{\pi}\tan^{-1} x, \quad -\infty < x < +\infty,$$

$$X = \tan(\pi U). \tag{2.7}$$

⑤ ロジスティック分布

$$F(x) = \frac{1}{1+\mathrm{e}^{-x}}, \quad -\infty < x < +\infty,$$

$$X = \log \frac{U}{1-U}. \tag{2.8}$$

⑥ 同一分布に従う独立な確率変数の最大値・最小値の分布

$X_1, X_2, \cdots, X_n$ が互いに独立で，$F(x)$ に従って分布するとき，

$$Y = \max\{X_1, X_2, \cdots, X_n\},$$
$$Z = \min\{X_1, X_2, \cdots, X_n\}$$

の分布は

$$\begin{aligned}\Pr\{Y \leqq y\} &= \prod_{i=1}^{n} \Pr\{X_i \leqq y\} \\ &= \{F(y)\}^n, \\ \Pr\{Z \leqq z\} &= 1 - \Pr\{Z > z\} \\ &= 1 - \prod_{i=1}^{n} \Pr\{X_i > z\} \\ &= 1 - \{1 - F(z)\}^n\end{aligned}$$

である．したがって

$$Y = F^{-1}(U^{1/n}), \tag{2.9}$$

$$Z = F^{-1}(1-U^{1/n}) \tag{2.10}$$

とすればよい.

⑦　離散分布

確率変数 X が値 $x_1, x_2, \cdots$ を確率 $p_1, p_2, \cdots$ でとる離散分布に従うものとする. これは次のようにすれば生成できることは明らかである.

$$X = x_k, \quad \sum_{i=1}^{k-1} p_i < U \leqq \sum_{i=1}^{k} p_i \text{ のとき.} \tag{2.11}$$

しかし, X のとりうる値の個数が多い場合には, 大小比較の回数の期待値が大きくなるので, 効率的な発生法ではない. 次節の二者択一法を使う方がよい.

2　二者択一法（Walker の alias method）

とりうる値の個数が有限個の離散分布に従う乱数を効率よく生成する方法である. 基礎になっているのは, 離散分布の分解に関する次の定理である.

定理 2.1

$p = (p_1, p_2, \cdots, p_n)$ を, 任意の離散分布の確率関数とする. このとき, p は n 個の 2 点分布の等加重和として表せる：

$$p_i = \frac{1}{n} \sum_{k=1}^{n} q_i^{(k)}. \tag{2.12}$$

ここで，すべての k に対して次のことが成り立つ：

$$\sum_{i=1}^{n} q_i^{(k)} = 1, \quad q_k^{(k)} > 0,$$

$q_1^{(k)}, q_2^{(k)}, \cdots, q_{k-1}^{(k)}, q_{k+1}^{(k)}, \cdots, q_n^{(k)}$ のうちで正のものは高々一つ.

このような分解ができたとして，$k=1, 2, \cdots, n$ について

$v_k = q_k^{(k)}$,

$a_k = k$ 番目の2点分布に従う確率変数がとる k 以外の値

と定義すると，発生手順は次のようになる.

算法 2.1 (二者択一法)

1° $[0, n)$ 上の一様乱数 $V = nU$ を発生する.

2° $k \leftarrow \lfloor V \rfloor + 1$, $u \leftarrow k - V$ とする.

3° もし，$u \leqq v_k$ ならば，$X \leftarrow x_k$，そうでなければ，$X \leftarrow a_k$ とする.

ここで $\lfloor \ \rfloor$ は整数部分を取り出す記号であり，したがって k は $1, 2, \cdots, n$ のいずれかの値を等確率でとることになり，u は k とは独立な $[0, 1)$ 上の一様乱数となる．逆関数法と比べてこの方法が大変に優れているのは，n の大きさと分布 p の形状のいかんによらずに，1個の一様乱数の発生と1回の比較演算によって所望の乱数が得られる

ところにある.

この手順に従って乱数を発生させるためには，最初に v_k, a_k $(k=1, 2, \cdots, n)$ を求めておく必要があるが，それは次の手順による.

算法 2.2（二者択一法の初期設定）

1°　$v_k \leftarrow np_k$ $(k=1, 2, \cdots, n)$.

2°　$v_k \geqq 1$ を満たす k の集合を G，$v_k < 1$ である k の集合を S とする.

3°　S が空でない限り，3. 1° から 3. 5° までを繰り返し実行する.

　3. 1°　G の要素を一つ任意に選ぶ（それが i であるとする）．S の要素を一つ任意に選ぶ（それが j であるとする）.

　3. 2°　$a_j \leftarrow i$.

　3. 3°　$v_i \leftarrow v_i - (1 - v_j)$.

　3. 4°　$v_i < 1$ なら，G の要素 i を取り除いて S に移す.

　3. 5°　S の要素 j を取り除く.

手順 2° で定められる集合 S と G の要素の数の和は n であり，手順 3° を 1 度実行すると，S と G の要素の数の和は 1 だけ減少するので，手順 3° を高々 n 回実行すると，このアルゴリズムは終了する．なお a_k のなかには値が定まらないものがあるが，これは乱数発生段階では使われないので差し支えない.

3 棄却法（採択—棄却法）

任意の連続分布に従う乱数を発生するための一般的な方法の一つに，von Neumann によって考案された acceptance-rejection method がある.

発生させたい分布の確率密度関数 $f(x)$ に比較的近くて乱数を高速に発生できる分布を選び，その確率密度関数を $g(x)$ とする．分布の範囲内のすべての x について

$$f(x) \leqq cg(x) \tag{2.13}$$

となるような，なるべく小さい c を選ぶ．$c>1$ である（図 2.2 参照）.

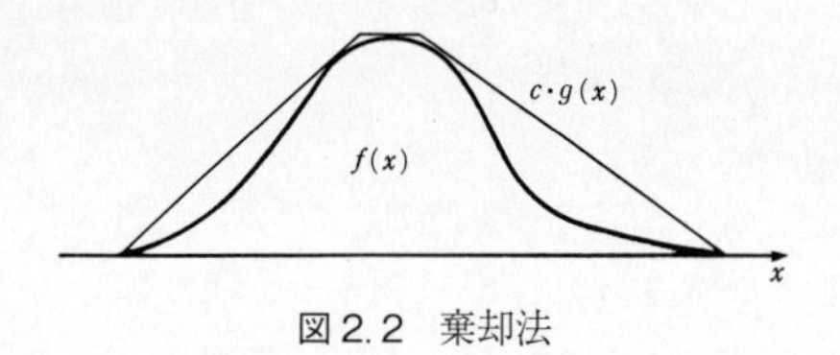

図 2.2 棄却法

$h(x)=f(x)/cg(x)$ とすると，発生手順は次のとおりである.

算法 2.3 （棄却法）

1° $[0,1)$ 上の一様乱数 U を発生する.

2° $g(\cdot)$ に従う乱数 V を発生する.

3° $U \leqq h(V)$ なら $X \leftarrow V$ とし，そうでなければ 1°

にもどる.

この手順によって発生される乱数 X の確率密度関数が $f(x)$ であることは，次のようにして示される.

$$\Pr\{X \leqq x | U \leqq h(V)\} = \frac{\Pr\{X \leqq x, U \leqq h(V)\}}{\Pr\{U \leqq h(V)\}},$$

$$\begin{aligned}
&\Pr\{X \leqq x, U \leqq h(V)\} \\
&\quad = \int_{-\infty}^{x} \Pr\{U \leqq h(V) | V = v\} g(v) \mathrm{d}v \\
&\quad = \int_{-\infty}^{x} h(v) g(v) \mathrm{d}v \\
&\quad = F(x)/c,
\end{aligned}$$

$$\begin{aligned}
\Pr\{U \leqq h(V)\} &= \Pr\{X \leqq \infty, U \leqq h(V)\} \\
&= F(\infty)/c \\
&= 1/c,
\end{aligned}$$

$$\therefore \quad \Pr\{X \leqq x | U \leqq h(V)\} = F(x).$$

乱数を高速に発生できる分布（$g(x)$）としては，一様分布，三角形分布，台形分布などが簡単なものであるが，もっと複雑なものが使われることもある.

c の大きさは棄却法の効率に影響を及ぼす．それは，手順 1°〜3° を 1 回実行するだけで X が発生できる確率が，$\Pr\{U \leqq h(V)\} = 1/c$ だからである．したがって，$g(x)$ がすでに定まっているならば，c は 1 に近いほどよい．また，X が発生できるまでに手順 1°〜3° を実行する回数は

幾何分布をし，その平均値は，

$$1\times\frac{1}{c}+2\times\left(1-\frac{1}{c}\right)\times\frac{1}{c}+3\times\left(1-\frac{1}{c}\right)^2\times\frac{1}{c}+\cdots=c$$

である．

4 奇偶法（Forsythe-von Neumann の方法）

発生すべき乱数 X の密度関数 $f(x)$ が次の形をしているものとする．

$$f(x)=\begin{cases} c\mathrm{e}^{-h(x)}, & a \leqq x \leqq b, \\ 0 \quad, & \text{その他の場合}. \end{cases} \tag{2.14}$$

ここに，

$$0 \leqq h(x) \leqq 1, \quad c=1\Bigg/\int_a^b \mathrm{e}^{-h(x)}\mathrm{d}x \tag{2.15}$$

とする．手順は次のとおりである．

算法 2.4 （奇偶法）

1° 区間 $[a, b)$ 上の一様乱数 Y を発生し，$W \leftarrow h(Y)$ とする．

2° $[0, 1)$ 上の一様乱数 $U_1, U_2, \cdots$ を順次発生し，N を次のようにして定める．

$W < U_1$ なら $N=1$,

$W \geqq U_1 \geqq U_2 \geqq \cdots \geqq U_{n-1} < U_n$ なら $N=n$.

3° N が偶数なら1°にもどる．N が奇数ならば，$X \leftarrow Y$ とする．

この方法の正当性は，次のようにして示される．y を実数，k を整数とすると，

$$\begin{aligned}&\Pr\{h(y)\geqq U_1\geqq U_2\geqq\cdots\geqq U_k\}\\&=\Pr\{h(y)>\max(U_1,U_2,\cdots,U_k)\}/k!\\&=[h(y)]^k/k!\end{aligned}$$

したがって，

$$\begin{aligned}&\Pr\{N=n|Y=y\}\\&\quad=\Pr\{N\geqq n-1|Y=y\}-\Pr\{N\geqq n|Y=y\}\\&\quad=[h(y)]^{n-1}/(n-1)!-[h(y)]^n/n!\quad(n\geqq 2),\\&\Pr\{N=1|Y=y\}=1-h(y),\\&\Pr\{N=\text{奇数}\,|Y=y\}\\&\quad=\sum_{n=\text{奇数}}\{[h(y)]^{n-1}/(n-1)!-[h(y)]^n/n!\},\end{aligned}$$

$$\begin{aligned}f_Y(y|N=\text{奇数})&=\frac{\Pr\{N=\text{奇数}\,|Y=y\}f_Y(y)}{\Pr\{N=\text{奇数}\,\}}\\&=\mathrm{e}^{-h(y)}\cdot\frac{1}{b-a}\Bigg/\int_a^b\mathrm{e}^{-h(y)}\cdot\frac{1}{b-a}\mathrm{d}y\\&=c\mathrm{e}^{-h(y)}\end{aligned}$$

となる．

手順 1°〜3° を 1 回実行すれば X が得られる確率は，

$$\Pr\{N=\text{奇数}\,\}=\frac{1}{c(b-a)}$$

であり，手順 $1°$〜$3°$ を実行する回数の期待値は，この逆数 $c(b-a)$ である．必要な一様乱数の個数の期待値は，

$$c(b-a)\times \mathrm{E}(N+1)$$
$$=c(b-a)\left\{1+\sum_{n=1}^{\infty}\int_a^b n\cdot \Pr\{N=n|Y=y\}\frac{1}{b-a}\mathrm{d}y\right\}$$
$$=c(b-a)\left\{1+\frac{1}{b-a}\int_a^b \mathrm{e}^{h(y)}\mathrm{d}y\right\}$$

となる．

一般化 奇偶法には，いろいろな形の一般化がある．ここでは，そのうちのいくつかについて述べる．

(1) 発生すべき乱数 X の値域が広くて，その値域内のすべての x に対しては $0\leqq h(x)\leqq 1$ という条件が成立しない場合には，値域をいくつかの区間に分割し，各区間内の条件付き分布に関しては上記の条件が成立するようにしておいてから，前述の奇偶法を適用することである．

$$f(x)=\begin{cases} c\mathrm{e}^{-H(x)}, & x\geqq 0, \\ 0 \quad , & \text{その他}, \end{cases} \tag{2.16}$$

$$c=1\Big/\int_0^{\infty}\mathrm{e}^{-H(x)}\mathrm{d}x, \tag{2.17}$$

$H(x)$：$[0,\infty)$ で定義された単調増加関数

とする．

はじめに区間 $[0,\infty)$ を次のようにして細分する：

$\xi_0 = 0$ とする．

$k = 1, 2, \cdots$ について，ξ_k を

$$0 < H(\xi_k) - H(\xi_{k-1}) \leqq 1$$

が満たされるように選ぶ．

累積確率

$$\int_0^{\xi_k} f(x)\mathrm{d}x$$

の値が十分に 1 に近くなったところでこのプロセスを打ち切り，そのときの k の値を K とする．

関数 $h_k(x)$ を次式で定義する．

$$h_k(x) = H(x) - H(\xi_{k-1}) \quad (k = 1, 2, \cdots, K). \tag{2.18}$$

確率変数 X が区間 $[\xi_{k-1}, \xi_k)$ に含まれる確率

$$P_k = \int_{\xi_{k-1}}^{\xi_k} f(x)\mathrm{d}x \quad (k = 1, 2, \cdots, K) \tag{2.19}$$

を計算する．

以上の準備ができたら，次の手順によって乱数を発生する．

算法 2.5（一般化奇偶法）

1° 確率分布 $(p_1, p_2, \cdots, p_k)$ に従って区間を一つランダムに選ぶ．

$[\xi_{k-1}, \xi_k)$ が選ばれたものとする．

2° $a = \xi_{k-1}, b = \xi_k$ として，前述の奇偶法を実行する．

(2)　発生すべき乱数の密度関数 $f(x)$ が

$$f(x) = cg(x)\mathrm{e}^{-h(x)} \tag{2.20}$$

という形をしていて，$g(x)$ がまた密度関数である場合には，奇偶法（算法 2.4）の手順 1° のところで，区間 $[a, b)$ 上の一様乱数の代りに，分布 $g(x)$ に従う乱数を Y とすればよい．

5　合成法

密度関数 $f(x)$ を

$$f(x) = p_1f_1(x) + p_2f_2(x) + \cdots + p_Kf_K(x), \tag{2.21}$$

各 $f_k(x)$ は密度関数，

$(p_1, p_2, \cdots, p_K)$ は確率分布

の形に表現し，まず確率分布 $(p_1, p_2, \cdots, p_K)$ に従って一つの分布 $f_k(x)$ をランダムに選び，次に $f_k(x)$ に従う乱数を発生させる方法である．p_k が大きい場合には $f_k(x)$ に従う乱数の発生が高速にできるように $f(x)$ を分解することがかんじんである．よく使われる簡単な分布としては，一様分布，三角形分布，台形分布などがある．

6　一様乱数の比を用いる方法（Kinderman-Monahan の方法）

平面上の領域

$$R_f = \{(v_1, v_2) \mid 0 \leqq v_1 \leqq \sqrt{f(v_2/v_1)}\} \tag{2.22}$$

を考える．

R_f 上に一様に分布する点 (V_1, V_2) を発生し，

$$X \leftarrow V_2/V_1$$

とする．実際には，R_f を含む単純な図形（例えば長方形）内に一様に分布する点を発生し，それが R_f に含まれなければ，やり直す．

この方法の妥当性は次のようにして示される．

$$\begin{aligned}\Pr\{X \leqq x\} &= \iint_{\substack{(u,v)\in R_f \\ v/u \leqq x}} \mathrm{d}u\mathrm{d}v \Big/ \iint_{(u,v)\in R_f} \mathrm{d}u\mathrm{d}v \\ &= \int_{-\infty}^{x}\int_0^{\sqrt{f(t)}} u\mathrm{d}u\mathrm{d}t \Big/ \int_{-\infty}^{+\infty}\int_0^{\sqrt{f(t)}} u\mathrm{d}u\mathrm{d}t \\ &= \int_{-\infty}^{x} \frac{1}{2} f(t)\mathrm{d}t \Big/ \int_{-\infty}^{+\infty} \frac{1}{2} f(t)\mathrm{d}t \\ &= \int_{-\infty}^{x} f(t)\mathrm{d}t.\end{aligned}$$

発生すべき乱数の密度関数 f の代りに，その定数倍 Kf を用いて領域 R_{Kf} を定義しても，やはり V_2/V_1 は所望の分布をすることは，上記の証明から明らかである．

7　指数分布（平均値＝1）Ex(1)

①　逆関数法（前出）

以前は対数関数の計算が遅かったために，②以降の方法が考案されたが，現在では，ずっと速くなっているので，たいていの場合には，この発生法を用いるのが簡便でよいであろう．

② 奇偶法（von Neumann）

一般化した奇偶法（1）を用いるが，区間を選ぶ段階（手順1°）は発生段階（手順2°）と一体化することができて，アルゴリズムは次のようになる：

算法2.6（奇偶法による指数乱数の発生）

$a=0$，$b=1$，$h(x)=x$として，奇偶法（一般化しない）を実行する．Nが偶数であった回数をMとして，

$$X \leftarrow X+M$$

とする．

このアルゴリズムが一般化した奇偶法（1）と同等であることを示すためには，

$$\Pr\{M=k-1\}=p_k \quad (k=1,2,\cdots,K)$$

が成り立つことを示せばよい．ところが前述のように

$$\Pr\{N=\text{奇数}\}=\frac{1}{c(b-a)}$$

であって，

$$b-a=1, \quad c=1\Big/\int_0^1 \mathrm{e}^{-x}\mathrm{d}x=1/(1-\mathrm{e}^{-1}),$$

であるから，

$$\Pr\{N=\text{奇数}\}=1-\mathrm{e}^{-1}$$

となる．Mは幾何分布をし，

$$\begin{aligned}\Pr\{M=k-1\} &= [\,\Pr\{N=\text{偶数}\}]^{k-1}\cdot\Pr\{N=\text{奇数}\}\\ &= [\mathrm{e}^{-1}]^{k-1}\cdot(1-\mathrm{e}^{-1})\\ &= \mathrm{e}^{-(k-1)}-\mathrm{e}^{-k}\\ &= p_k\end{aligned}$$

が得られる．

一個の指数乱数を得るために消費される一様乱数の個数の期待値は

$$\mathrm{e}(1-\mathrm{e}^{-1})^{-1}\approx 4.3$$

である．

③　不定個数の乱数の最小値（Marsaglia，Sibuya，Ahrens）

合成法および奇偶法の考え方を使い，2 進の計算機でビット操作が高速にできる場合に有利な方法である．原理は次のとおりである．幾何分布および打ち切られたポアソン分布に従う確率変数を M, N とし，X を下記のように定める．

$$\Pr\{M=m\}=2^{-m-1}\quad(m=0,1,2,\cdots),\qquad(2.23)$$

$$\Pr\{N=n\}=\frac{(\log 2)^n}{n!}\quad(n=1,2,3,\cdots),\qquad(2.24)$$

$$X=\{M+\min(U_1,U_2,\cdots,U_N)\}\log 2.\qquad(2.25)$$

X が平均 1 の指数分布をすることが次のようにして示される．

まず，$Y=\min(U_1,U_2,\cdots,U_N)$ の分布の密度関数 $f_Y(y)$

は，すでに述べたとおり，次のようになる．

$$\Pr\{Y \geqq y | N=n\} = (1-y)^n,$$
$$f_Y(y|N=n) = n(1-y)^{n-1} \quad (0 \leqq y \leqq 1),$$

$$\begin{aligned} f_Y(y) &= \sum_{n=1}^{\infty} \Pr\{N=n\} f_Y(y|N=n) \\ &= \sum_{n=1}^{\infty} \frac{(\log 2)^n}{n!} n(1-y)^{n-1} \\ &= \log 2 \cdot \sum_{n=1}^{\infty} \frac{\{(1-y)\log 2\}^{n-1}}{(n-1)!} \\ &= (\log 2)\exp[(1-y)\log 2] \\ &= (\log 2) 2^{1-y}. \end{aligned}$$

これから，$M+Y$ の分布関数が次のようになる．

$$\begin{aligned} &\Pr\{M+Y \leqq m+y\} \\ &= \Pr\{M<m\} + \Pr\{M=m\}\Pr\{Y \leqq y\} \\ &= 2^{-1} + 2^{-2} + \cdots + 2^{-m} + 2^{-m-1} \cdot 2(1-2^{-y}) \\ &= 1-2^{-(m+y)} = 1-\mathrm{e}^{-(m+y)\log 2}. \end{aligned}$$

したがって，$M+Y$ は平均が $1/\log 2$ の，X は平均が 1 の指数分布をする．

アルゴリズムとしては，N は逆関数法（すなわち表引き）あるいは二者択一法により，また M は整数型一様乱数の 2 進表現における最上位の 0 の位置を探すことによって求めることができる．

8　正規分布（平均値=0，分散=1）N(0, 1)

①　極座標法（Box-Muller）

$$X_1 = \sqrt{-2\log U_1}\cos(2\pi U_2) \tag{2.26}$$

$$X_2 = \sqrt{-2\log U_2}\sin(2\pi U_2) \tag{2.27}$$

とすると，X_1 と X_2 は互いに独立で，標準正規分布 N(0, 1) に従う乱数となる．

この方法は比較的遅いので，von Neumann の考案した方法を応用して，cos，sin の計算をしないで済むように改良したものが Marsaglia によって提案されている．

算法 2.7（極座標法）

1°　U_1，U_2 を発生し，$V_1 \leftarrow 2U_1 - 1$，$V_2 \leftarrow 2U_2 - 1$ とする．

2°　$S \leftarrow V_1^2 + V_2^2$.

3°　$S \geqq 1$ なら 1° にもどる．

4°　$X_1 \leftarrow V_1\sqrt{\dfrac{-2\log S}{S}}$，$X_2 \leftarrow V_2\sqrt{\dfrac{-2\log S}{S}}$.

上記の算法が正しいことは次のようにして確かめられる．X，Y を互いに独立に標準正規分布に従う確率変数とすると，これらの同時分布の確率エレメントは，

$$f(x,y)\mathrm{d}x\mathrm{d}y = \frac{1}{\sqrt{2\pi}}\mathrm{e}^{-\frac{1}{2}x^2} \times \frac{1}{\sqrt{2\pi}}\mathrm{e}^{-\frac{1}{2}y^2}\mathrm{d}x\mathrm{d}y$$
$$= \frac{1}{2\pi}\mathrm{e}^{-\frac{1}{2}(x^2+y^2)}\mathrm{d}x\mathrm{d}y \qquad (2.28)$$

となる．ここで極座標を使って $x=r\cos\theta$，$y=r\sin\theta$ とする．極座標での面積エレメントは $r\mathrm{d}r\mathrm{d}\theta$ であるから，(2. 28) に対応する確率エレメントは

$$\frac{1}{2\pi}\mathrm{e}^{-\frac{1}{2}r^2} r\mathrm{d}r\mathrm{d}\theta \qquad (2.29)$$

となる．ここでさらに $r^2=s$ とおくと，(2. 29) は

$$\frac{1}{2\pi}\mathrm{e}^{-\frac{1}{2}s}\frac{\mathrm{d}s}{2}\mathrm{d}\theta \qquad (2.30)$$

となる．$1/(2\pi)$ は $[0,2\pi)$ 上の一様分布の密度関数，$\frac{1}{2}\mathrm{e}^{-\frac{1}{2}s}$ は平均が 2 の指数分布の密度関数である．したがって Θ，R^2 をこれらの分布に従う互いに独立な乱数とすると，$X=R\cos\Theta$，$Y=R\sin\Theta$ は互いに独立に標準正規分布をすることになる．そこで，逆関数法によって，$R^2=-2\log U_1$ とし，また $\Theta=2\pi U_2$ とすると，Box-Muller の算法が得られる．

Marsaglia の算法の場合，手順 4° で採用される (V_1,V_2) を座標とする点は単位円内で一様に分布している．したがって，極座標を使って $V_1=\tilde{R}\cos\tilde{\Theta}$，$V_2=\tilde{R}\sin\tilde{\Theta}$ とすると，$\tilde{R}$ と $\tilde{\Theta}$ は互いに独立であって，$\tilde{\Theta}$ は $(0,2\pi)$ 上で一様分布をし，$\cos\tilde{\Theta}=V_1/\sqrt{S}$，$\sin\tilde{\Theta}=V_2/\sqrt{S}$ である．また $\Pr\{S \leqq s\}$ は，点 (V_1,V_2) が半径 $\sqrt{s}$ の円内に入る

確率で，それは s に等しい．すなわち，S は $(0,1)$ 上の一様分布をする．したがって，$-2\log S$ は平均が 2 の指数分布をする．

②　中心極限定理の応用

$$X=\left(U_1+U_2+\cdots+U_n-\frac{n}{2}\right)\Bigg/\sqrt{\frac{n}{12}}. \qquad (2.31)$$

$n=12$ がよく使われる．他の方法に比べるとかなり遅い．

③　棄却法

$$f(x)=\sqrt{\frac{2}{\pi}}\mathrm{e}^{-x^2/2} \quad (x \geqq 0) \qquad (2.32)$$

に従う正の乱数を発生し，これにランダムに符号を付ける．

$$f(x)=cg(x)h(x)$$
$$g(x)=\mathrm{e}^{-x}$$
$$c=\sqrt{\frac{2\mathrm{e}}{\pi}} \fallingdotseq (0.76)^{-1} \fallingdotseq 1.32$$
$$h(x)=\exp\left[-\frac{(x-1)^2}{2}\right]$$

とする．

棄却法の手順 3° における採択の条件は

$$U \leqq h(V) \Longleftrightarrow -\log U \geqq (V-1)^2/2$$

である．$-\log U$ は平均 1 の指数乱数であるから，結局次のアルゴリズムにより，正の正規乱数 X が得られる．

算法 2.8　(棄却法による正の正規乱数の生成)

1°　平均が 1 の指数乱数 V_1, V_2 を発生する.

2°　$V_2 \geqq (V_1-1)^2/2$ なら 1° へもどる.

3°　$X \leftarrow V_1$.

④　奇偶法

正の正規乱数を, 一般化した奇偶法 (1) で発生し, ランダムに符号を付ける.

区間 $[0,\infty)$ の分割のしかたはいくつか提案されている.

Forsythe : $\xi_0 = 0,\quad \xi_1 = 1,\quad \xi_k = \sqrt{2k-1}\ (k \geqq 2)$.

Ahrens–Dieter : $\xi_0 = 0,\quad \xi_k = \Phi^{-1}(2^{-k})\ (k \geqq 1)$,

$$\Phi(x) = \int_x^\infty \sqrt{\frac{2}{\pi}} \mathrm{e}^{-t^2/2} \mathrm{d}t. \tag{2.33}$$

Ahrens–Dieter の区間分割は, 指数乱数発生法の③の場合と同様に, 区間の選択が一様乱数の 2 進表現のビットパターンを見ることによって簡単にできることに着目して考え出されたものである. (したがって, ビット操作が高速にできる言語でプログラムを書くのでなければ, あまり高速にはならない.) 必要な一様乱数の個数の期待値は, それぞれ 4.04, 2.54 程度である.

⑤　一様乱数の比を用いる方法

$Kf = \mathrm{e}^{-x^2/2}$ として領域 R_{Kf} を定義する :

$$R_{Kf} = \{(u,v)\,|\,(v/u)^2 \leqq -4\log u\} \tag{2.34}$$

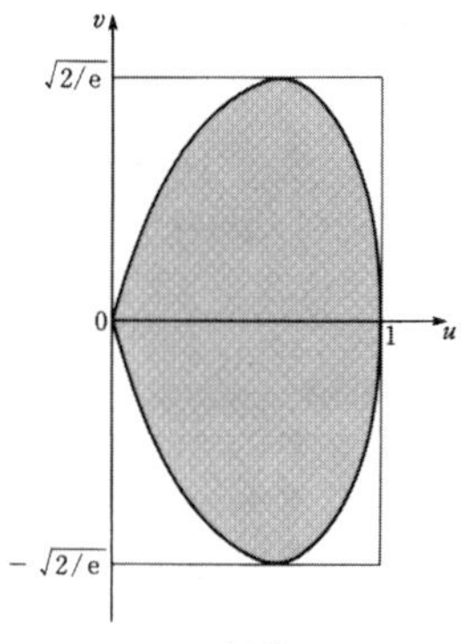

図 2.3　領域 R_{Kf}

これは図 2.3 に示すような領域であり，長方形

$$R=\{(u,v)\,|\,0\leqq u\leqq 1, |v|\leqq\sqrt{2/\mathrm{e}}\} \qquad (2.35)$$

に内接している．したがって，R 内に一様に分布する点 (U, V) を発生させて，それが R_{Kf} に含まれていれば $X \leftarrow V/U$ を採用し，含まれていなければ，点の発生からやり直せばよい（採択—棄却法）．

点が R_{Kf} の内部に含まれるかどうかを判定するためには対数 $\log U$ を計算する必要がある．対数計算が遅い場合には，たいがいの場合には対数計算をしなくて済ませるように，いわゆる“えぐり出し（squeeze）”の技巧を使う．よく知られている不等式

$$\mathrm{e}^z \geqq 1+z \qquad (z：実数)$$

において，$z=\log(cu)$ あるいは $z=-\log(c'u)$ とおくことによって，不等式

$$1+\log c-cu \leqq -\log u \leqq 1/(c'u)-1+\log c' \tag{2.36}$$

が任意の正定数 c, c' に対して成り立つことがわかる．したがって，$X=V/U$ とすると，

$X^2 \leqq 4(1+\log c-cU)$ ならば X を採択，

$X^2 \geqq 4(1/(c'U)-1+\log c')$ ならば X を棄却

し，このいずれの不等式も成立しないときにだけ対数計算をして

$$X^2 \leqq -4\log U$$

かどうかを判定すればよい．定数 c, c' は，(2.36) における $-\log u$ と，それをはさむ不等式の左右の量（下界および上界）との食い違いがなるべく小さくなるように定めることが好ましい．Knuth は $c=\mathrm{e}^{1/4}$, $c'=\mathrm{e}^{1.35}$ を推奨している．

以上をまとめると，算法は次のようになる．

算法 2.9 （一様乱数の比を用いる正規乱数の生成）

1° U_1, U_2 を発生し，$X \leftarrow \sqrt{8/\mathrm{e}}\left(U_2-\dfrac{1}{2}\right)\Big/U_1$ とする．

2° $X^2 \leqq 5-4\mathrm{e}^{1/4}U_1$ なら X を採用して終り．

3° $X^2 \geqq 4\mathrm{e}^{-1.35}/U_1+1.4$ なら 1° へもどる．

4° $X^2 \leqq -4\log U$ なら X を採用して終り，そうでなければ 1° へもどる．

えぐり出しのしかたは他にもいろいろ工夫されている

(Devroye).

⑥ 合成法

合成法と表引きとを組合せた方法が Marsaglia, MacLaren, Bray 等によって提案されている．アルゴリズムは相当複雑なので，ここでは割愛する．

9 多次元正規分布

平均が0，分散が1の正規乱数 X があれば，平均が μ，分散が σ^2 の正規乱数 Y は

$$Y = \mu + \sigma X \tag{2.37}$$

として生成できる．また，平均が μ_1，μ_2，分散が σ_1^2，σ_2^2，相関係数が ρ の2次元正規分布に従う乱数 Y_1，Y_2 は，標準正規分布に従う独立な乱数 X_1，X_2 を用いて

$$\begin{aligned} Y_1 &= \mu_1 + \sigma_1 X_1, \\ Y_2 &= \mu_2 + \sigma_2(\rho X_1 + \sqrt{1-\rho^2} X_2) \end{aligned} \tag{2.38}$$

によって作ることができる．なぜなら，Y_1，Y_2 はどちらも正規乱数の1次結合であるから正規分布をし，

$$\begin{aligned} \mathrm{E}(Y_1) &= \mu_1 + \sigma_1 \mathrm{E}(X_1) = \mu_1, \\ \mathrm{E}(Y_2) &= \mu_2 + \sigma_2\{\rho \mathrm{E}(X_1) + \sqrt{1-\rho^2}\mathrm{E}(X_2)\} = \mu_2, \end{aligned}$$

$$\begin{aligned}
\mathrm{Var}(Y_1) &= \sigma_1^2 \mathrm{Var}(X_1) = \sigma_1^2, \\
\mathrm{Var}(Y_2) &= \sigma_2^2 \mathrm{Var}(\rho X_1 + \sqrt{1-\rho^2} X_2) \\
&= \sigma_2^2 \{\rho^2 \mathrm{Var}(X_1) + (1-\rho^2) \mathrm{Var}(X_2)\} \\
&= \sigma_2^2 \{\rho^2 + (1-\rho^2)\} = \sigma_2^2,
\end{aligned}$$

$$\begin{aligned}
\mathrm{Cov}(Y_1, Y_2) &= \mathrm{E}\{\sigma_1 X_1 \cdot \sigma_2 (\rho X_1 + \sqrt{1-\rho^2} X_2)\} \\
&= \rho \sigma_1 \sigma_2 \mathrm{E}(X_1^2) + \sqrt{1-\rho^2} \sigma_1 \sigma_2 \mathrm{E}(X_1 X_2) \\
&= \rho \sigma_1 \sigma_2
\end{aligned}$$

だからである．

次に，平均が $\mu_1, \cdots, \mu_n$ で分散および共分散が σ_{ij}（$1 \leqq i, j \leqq n$）の n 次元正規分布に従う乱数 $Y_1, \cdots, Y_n$ は，互いに独立な標準正規乱数 $X_1, \cdots, X_n$ から次のようにして作ることができることを示そう．

$$\begin{aligned}
Y_1 &= \mu_1 + a_{11} X_1, \\
Y_2 &= \mu_2 + a_{21} X_1 + a_{22} X_2, \\
&\cdots \\
Y_n &= \mu_n + a_{n1} X_1 + a_{n2} X_2 + \cdots + a_{nn} X_n. \qquad (2.39)
\end{aligned}$$

まず Y_i が平均値 μ_i の正規分布をすることは明らかである．Y_i の分散 σ_{ii} は

$$\sigma_{ii} = a_{i1}^2 + a_{i2}^2 + \cdots + a_{ii}^2 \qquad (2.40)$$

に等しい．また Y_i と Y_j の共分散 σ_{ij}（$i > j$）は

$$\sigma_{ij} = a_{i1} a_{j1} + a_{i2} a_{j2} + \cdots + a_{ij} a_{jj} \qquad (2.41)$$

に等しい．(2.40) は (2.41) で $i = j$ と置いたものに

一致することに注意しよう．したがって，発生すべき乱数 Y_1，…，Y_n の分散および共分散 σ_{ij}（$1 \leqq j \leqq i \leqq n$）が与えられたとして，(2.41) を満たす a_{ij}（$1 \leqq j \leqq i \leqq n$）が求められればよいことになるが，(2.41) を $(i, j) = (1, 1), (2, 1), (2, 2), (3, 1), (3, 2), (3, 3), \cdots$ の順に書き下してみれば，a_{ij} がこの順に逐次求まることが容易にわかる．なお，σ_{ij} を (i, j) 成分とする行列，すなわち $Y_1, \cdots, Y_n$ の分散行列を V とし，a_{ij}（$i \geqq j$）を (i, j) 成分とする下三角行列を A とすると，(2.41) は $V = AA^t$（A^t は A の転置行列）と同等であり，V から A を求める操作は，V の Cholesky 分解と呼ばれている．

10　ガンマ分布 G(α)

$$f(x) = \frac{1}{\Gamma(\alpha)} x^{\alpha-1} \mathrm{e}^{-x} \quad (x \geqq 0) \qquad (2.42)$$

が形状パラメタ α，スケールパラメタ 1 のガンマ分布の密度関数である．$\alpha = 1$ は平均 1 の指数分布に，また $\alpha = 1/2$ は，標準正規分布をする確率変数を Z とするとき，$Z^2/2$ の分布に対応する．

X_1，X_2 が互いに独立にパラメタ α_1，α_2 のガンマ分布をするとき，$X_1 + X_2$ はパラメタが $\alpha_1 + \alpha_2$ のガンマ分布をする．これをガンマ分布の再生性という．再生性を利用すれば，α が整数あるいは整数 $+1/2$ のガンマ分布に従う乱数は，指数乱数および正規乱数を使って容易に作れる．$\alpha = k$（整数）の場合は，指数乱数を逆関数法で作る

とすれば,

$$(-\log U_1)+(-\log U_2)+\cdots+(-\log U_k)$$
$$=-\log(U_1 U_2\cdots U_k)$$

であるから, 対数は1回だけ計算すればよい.

αが大きい場合には, この方法は効率的ではない. また, αが前述の条件を満たさない場合には適用できない. そこで, 最近棄却法を用いる方法がいろいろ提案されている.

① Chengの方法(GB)

$f(x)$に対する優関数$c\cdot g(x)$を対数ロジスティック分布を用いて構成する.

$$g(x)=\lambda\mu\frac{x^{\lambda-1}}{(\mu+x^{\lambda})^2}\quad(x\geqq 0). \tag{2.43}$$

この分布の分布関数は$x^{\lambda}/(\mu+x^{\lambda})$であるから, この分布に従う乱数$X$は, 逆関数法により

$$X=\left(\frac{\mu U_1}{1-U_1}\right)^{1/\lambda} \tag{2.44}$$

として発生できる. μとλは, cが小さくなることなどをねらいとして

$$\mu=\alpha^{\lambda},\quad \lambda=\sqrt{2\alpha-1} \tag{2.45}$$

と選ぶ. そうすると

$$c=\frac{4\alpha^{\alpha}\mathrm{e}^{-\alpha}}{\Gamma(\alpha)\sqrt{2\alpha-1}} \tag{2.46}$$

であり, $\alpha=1, 2, 5, 10$に対するcの値はおよそ1.47, 1.25,

1.17, 1.15となる．また$\alpha\to\infty$とすると$c\to 2/\sqrt{\pi}$ $\fallingdotseq 1.13$である．すなわち$1<\alpha<\infty$の全域でcの値はかなり小さいので，採択—棄却法において“棄却”が起こる回数の期待値は小さい．

採択か棄却かの判定は，次の式が成立するかどうかによって行われる．

$$c\cdot\lambda\mu\frac{X^{\lambda-1}}{(\mu+X^{\lambda})^2}U_2 \leqq X^{\alpha-1}\mathrm{e}^{-X}/\Gamma(\alpha).$$

ところが$X^{\lambda}/(\mu+X^{\lambda})=U_1$であるから，この不等式は

$$c\cdot\lambda\mu U_1^2U_2 \leqq X^{\alpha+\lambda}\mathrm{e}^{-X}/\Gamma(\alpha),$$

あるいは

$$\log(U_1^2U_2) \leqq (\alpha+\lambda)\log X - X - \log(c\lambda\mu\Gamma(\alpha))$$

と同等である．判定における対数計算を避けるための“えぐり出し”には，不等式

$$\log Z \leqq \theta Z - \log\theta - 1 \quad (Z>0)$$

を使う．$\theta>0$は何でもよいが，Chengは$\theta=4.5$を使用している．

$$A=1/\sqrt{2\alpha-1},\quad B=\alpha-\log 4,\quad C=\alpha+\sqrt{2\alpha-1} \tag{2.47}$$

とおくと結局算法は次のようになる．

算法 2.10 (Chengの算法 GB)

1° U_1, U_2を発生する．

2° $Y\leftarrow A\log\dfrac{U_1}{1-U_1}$, $X\leftarrow\alpha\mathrm{e}^{Y}$, $Z\leftarrow U_1^2U_2$, $R\leftarrow B+CY-X$.

3°　$R \geqq 4.5Z-(1+\log 4.5)$ なら X を採用して終り．

4°　$R \geqq \log Z$ なら X を採用して終り，そうでなければ 1° へ．

②　Wilson-Hilferty の近似に基づく算法

X がパラメタ α のガンマ分布に従って分布するとき，α が大きければ，

$$Y=\left\{\left(\frac{X}{\alpha}\right)^{1/3}-\left(1-\frac{1}{9\alpha}\right)\right\}\Big/\sqrt{\frac{1}{9\alpha}} \qquad (2.48)$$

の分布は標準正規分布に近いことが知られている．したがって，逆に，標準正規乱数 Y から

$$X=\alpha\left(\frac{Y}{\sqrt{9\alpha}}+1-\frac{1}{9\alpha}\right)^3 \qquad (2.49)$$

を求めれば，X の分布はガンマ分布に近いことになる．α が大きいときには近似の誤差は小さいので，この X をそのまま採用してもよいが，α が小さいときには，それでは具合が悪い．そこで，棄却法と組合わせて補正を行う方法が Greenwood，Marsaglia によって提案され，Niki によって改良された．その算法は次のとおりであり，$\alpha>1/3$ に対して使用可能である．

算法 2.11　(Wilson-Hilferty の近似に基づく算法 ($\alpha>1/3$))

0°　$r \leftarrow \alpha-\frac{1}{3}$，$s \leftarrow \sqrt[3]{r}$，$t \leftarrow r-r\log r$，$p \leftarrow \frac{1}{3\sqrt{s}}$，$q \leftarrow -3\sqrt{r}$

1° 標準正規乱数 Y を発生する.

2° $Y < q$ ならば 1° へ.

3° $X \leftarrow (pY+s)^3$, $V \leftarrow Y^2/2$, U を発生する.

4° $(X-r)^2/X - V \leqq U$ ならば（X を採用して）終り.

5° $W \leftarrow X - r\log X - t - V$.

6° $W \leqq U$ ならば（X を採用して）終り.

7° $W > -\log(1-U)$ ならば 1° へ.

本算法の設計に使われている一般的原理は次のようなものである. 密度関数 $f(x)$ に従って分布する確率変数 X に対して, 微分可能な狭義単調増加関数 $\psi(y)$ を適当に選んで, 確率変数 Y を $X=\psi(Y)$ で定義する. Y の分布の密度関数は

$$h(y) = f(\psi(y))\psi'(y) \tag{2.50}$$

となる. したがって, $f(x)$ が与えられたときに, $h(y)$ に従う乱数が容易に発生できて, しかも簡単に計算できる関数 ψ が見つけられれば, X を発生するための効率的算法が設計できることになる.

当面の問題では,

$$\psi(y) = \alpha\left(\frac{y}{\sqrt{9\alpha}} + 1 - \frac{1}{9\alpha}\right)^3$$

とすると, Y の分布は正規分布に近くなる. したがって, 正規分布の密度関数の定数倍を $h(y)$ に対する優関数として用い, 正規乱数の採択—棄却によって Y を効率よく生

成することができる．具体的には

$$h(y) = kz^{3\alpha-1}\mathrm{e}^{-\alpha z^3} \qquad \left(z = \frac{y}{\sqrt{9\alpha}} + 1 - \frac{1}{9\alpha} \geqq 0\right)$$

である（k は規格化定数）．$h(y)$ は

$$z = z_0 = \left(1 - \frac{1}{3\alpha}\right)^{1/3} \tag{2.51}$$

において最大値をとる．そして，

$$\sigma^2 = \frac{1}{9\alpha\left(1 - \frac{1}{3\alpha}\right)^{1/3}} \tag{2.52}$$

ととると，$z \geqq 0$ において不等式

$$\frac{z^{3\alpha-1}\mathrm{e}^{-\alpha z^3}}{z_0^{3\alpha-1}\mathrm{e}^{-\alpha z_0^3}} \leqq \mathrm{e}^{-\frac{(z-z_0)^2}{2\sigma^2}}$$

が成立する．したがって，正規分布 $\mathrm{N}(z_0, \sigma^2)$ に従う乱数 Z と一様乱数 U を発生し，$Z \geqq 0$ かつ

$$U\mathrm{e}^{-\frac{(Z-z_0)^2}{2\sigma^2}} \leqq \frac{Z^{3\alpha-1}\mathrm{e}^{-\alpha Z^3}}{z_0^{3\alpha-1}\mathrm{e}^{-\alpha z_0^3}}$$

ならば $X = \alpha Z^3$ を採用すればよい．この算法を基礎にして，えぐり出しなど，採択—棄却の効率化の工夫を施すと，上記の算法が得られる．

③　Ahrens-Dieter-Best の算法（RGS）（$\alpha < 1$）

t を任意の正定数とするとき，次の $c \cdot g(x)$ が $f(x)$ に対する優関数となることは明らかである．

$$c \cdot g(x) = \begin{cases} x^{\alpha-1}/\Gamma(\alpha) & (0 < x < t), \\ t^{\alpha-1}\mathrm{e}^{-x}/\Gamma(\alpha) & (x \geqq t). \end{cases} \tag{2.53}$$

c を最小にする t は超越方程式

$$1-\alpha=t(\mathrm{e}^{t}-1)$$

の根であるが，Best は近似的に

$$t=0.07+0.75\sqrt{1-\alpha} \qquad (2.54)$$

ととることを提案している．

曲線 $c\cdot g(x)$ の下の面積の $0<x<t$ の部分と $x\geqq t$ の部分との比は

$$\frac{t^{\alpha}}{\alpha\Gamma(\alpha)}:\frac{t^{\alpha-1}\mathrm{e}^{-t}}{\Gamma(\alpha)}=1:\frac{\alpha\mathrm{e}^{-t}}{t}$$

である．そこで，

$$b=1+\alpha\mathrm{e}^{-t}/t \qquad (2.55)$$

として，$[0,b]$ 上の一様乱数 V を発生し，$V\leqq 1$ ならば $g(x)$（$0<x<t$）に従う乱数 X を，また $V>1$ ならば $g(x)$（$x\geqq t$）に従う乱数 X を生成することにする．そのためには，

$$V\leqq 1 \text{ ならば } \quad X\leftarrow tV^{1/\alpha},$$
$$V>1 \text{ ならば } \quad X\leftarrow t-\log U'$$

とすればよい．ここで

$$t-\log U'=-\log(\mathrm{e}^{-t}U')$$
$$=-\log\,[t(b-V)/\alpha]$$

としてもよいことに注意しよう．

えぐり出しのためには次の不等式を使用する．

$$\mathrm{e}^{-x} \geqq \frac{2-x}{2+x} \quad (x \geqq 0),$$

$$(1+x)^{-\gamma} \geqq \frac{1}{1+\gamma x} \quad (x \geqq 0; 1 \geqq \gamma \geqq 0).$$

以上をまとめると次のようになる.

算法 2.12　(Ahrens-Dieter-Best の算法 RGS)

0°　$t \leftarrow 0.07 + 0.75\sqrt{1-\alpha}$, $b \leftarrow 1 + \alpha\mathrm{e}^{-t}/t$, $\beta \leftarrow 1/\alpha$.

1°　U_1, U_2 を発生し, $V \leftarrow bU_1$ とする.

2°　$V > 1$ ならば 4° へ.

3°　［$V \leqq 1$ の場合］

$X \leftarrow tV^{\beta}$.

$U_2 \leqq (2-X)/(2+X)$ ならば X を採用して終り.

$U_2 \leqq \mathrm{e}^{-X}$ ならば X を採用して終り.

(上記2条件とも成立しなければ) 1° へもどる.

4°　［$V > 1$ の場合］

$X \leftarrow -\log[\beta t(b-V)]$, $Y \leftarrow X/t$.

$U_2(\alpha + Y - \alpha Y) \leqq 1$ ならば X を採用して終り.

$U_2 \leqq Y^{\alpha-1}$ ならば X を採用して終り.

(上記2条件とも成立しなければ) 1° へもどる.

11　ポアソン分布 Po($\boldsymbol{\mu}$)

平均が μ のポアソン分布の確率関数は

$$\Pr\{N=n\} = \mathrm{e}^{-\mu}\frac{\mu^n}{n!} \quad (n = 0, 1, 2, \cdots) \qquad (2.56)$$

である．ポアソン分布は指数分布と密接な関係にある．この関係を利用した発生法をまず述べよう．

① 指数分布との関係を利用する方法

ある現象の生起間隔が平均 $1/\mu$ の指数分布をしているならば，この現象が単位時間内に起こる回数は平均 μ のポアソン分布をする．したがって，$X_1, X_2, \cdots$ が互いに独立で平均 $1/\mu$ の指数乱数ならば，

$$X_1 + X_2 + \cdots + X_n < 1 \tag{2.57}$$

を満たす最大の n を N のとる値とすればよい．この方法の正当性は次のようにして確かめられる．$Y_m = \mu(X_1 + X_2 + \cdots + X_m)$ はパラメタが m のガンマ分布をするので，

$$\begin{aligned}
\Pr\{N{=}n\} &= \Pr\{N \leqq n\} - \Pr\{N \leqq n-1\} \\
&= \Pr\{Y_{n+1} \geqq \mu\} - \Pr\{Y_n \geqq \mu\} \\
&= \int_\mu^\infty \mathrm{e}^{-t} \frac{t^n}{n!} \mathrm{d}t - \int_\mu^\infty \mathrm{e}^{-t} \frac{t^{n-1}}{(n-1)!} \mathrm{d}t \\
&= \mathrm{e}^{-\mu} \frac{\mu^n}{n!}
\end{aligned}$$

となる．

指数乱数を逆関数法で作るとすれば，条件（2.57）は

$$-(1/\mu)(\log U_1 + \log U_2 + \cdots + \log U_n) < 1,$$

したがって

$$U_1 U_2 \cdots U_n > \mathrm{e}^{-\mu} \tag{2.58}$$

に等しい．1個のポアソン乱数を発生するのに必要な一様乱数の個数の平均値は $\mu+1$ であるから，この方法は μ が大きいときには有効ではない．

②　正規分布による近似

平均値が μ のポアソン分布の分散は μ である．したがって，μ が大きいとき $(N-\mu)/\sqrt{\mu}$ の分布は標準正規分布に近い（中心極限定理）．より正確に言えば，標準正規分布に従う乱数を Z とするとき

$$\Pr\{(N+0.5-\mu)/\sqrt{\mu}\leqq z\} \fallingdotseq \Pr\{Z\leqq z\}$$

である．ここで，0.5 は不連続補正とよばれる量である．この事実に基づいて，標準正規乱数 Z を用いて

$$N \leftarrow \max\{0, \lfloor \mu+\sqrt{\mu}Z-0.5\rfloor\} \qquad (2.59)$$

とする方法が考えられる．ここで $\lfloor v\rfloor$ は v の整数部分を表す．

③　二者択一法（Walker 法）

$\Pr\{N>n_0\}$ が十分小さくなるように n_0 を選び，算法 2.2 によって $N=0, 1, \cdots, n_0$ に対する表をあらかじめ作成しておき，算法 2.1 によって乱数を発生する．平均値 μ をたびたび変える必要がなければ，きわめて高速な方法である（μ が変わると表を作成し直す必要がある）．μ が大きい場合，②で述べた中心極限定理により，n_0 は $\mu+6\sqrt{\mu}$ 程度にとれば，たいていの目的に対しては十分であろう．

12　ベータ分布 Be(α, β)

α，β を正のパラメタとして，密度関数は，

$$f(x)=\frac{\Gamma(\alpha+\beta)}{\Gamma(\alpha)\Gamma(\beta)}x^{\alpha-1}(1-x)^{\beta-1}\quad(0\leqq x\leqq 1)\tag{2.60}$$

で定義される．

①　ガンマ乱数を使う方法

Y_1，Y_2 をパラメタが α，β のガンマ分布に従う乱数とするとき，

$$X\leftarrow\frac{Y_1}{Y_1+Y_2}$$

とすると，X がベータ分布をするという統計学の分野でよく知られている事実を使う．

②　Jöhnk の方法（α，β が小さいとき）

算法 2.13

1°　$Y_1\leftarrow U_1^{1/\alpha}$，$Y_2\leftarrow U_2^{1/\beta}$．

2°　$Y_1+Y_2>1$ なら 1° へもどる．

3°　$X\leftarrow\dfrac{Y_1}{Y_1+Y_2}$．

この方法の妥当性は，次のようにして確かめられる．

$$\Pr\{U^{1/\alpha}\leqq y\}=\Pr\{U\leqq y^\alpha\}$$

であるから，$Y_1=U_1^{1/\alpha}$ と $Y_2=U_2^{1/\beta}$ の同時分布の密度関数は

$$f(y_1,y_2)=\alpha\beta y_1^{\alpha-1}y_2^{\beta-1}\quad(0\leqq y_1,y_2\leqq 1)$$

である．ここで変数変換

$$X=Y_1/(Y_1+Y_2),\quad Z=Y_1+Y_2$$

を考える．変換のヤコビアンは（逆変換が $Y_1 = XZ$, $Y_2 = (1-X)Z$ であることに注意して）

$$\begin{vmatrix} \dfrac{\partial y_1}{\partial x} & \dfrac{\partial y_1}{\partial z} \\ \dfrac{\partial y_2}{\partial x} & \dfrac{\partial y_2}{\partial z} \end{vmatrix} = \begin{vmatrix} z & x \\ -z & 1-x \end{vmatrix} = z$$

となるから，X と Z の同時分布の密度関数は

$$\begin{aligned} f_{X,Z}(x, z) &= f(xz, (1-x)z)z \\ &= \alpha\beta x^{\alpha-1}(1-x)^{\beta-1}z^{\alpha+\beta-1} \\ &\qquad (0 \leqq xz, (1-x)z \leqq 1) \end{aligned}$$

である．密度関数が正となる範囲は図 2.4 のようになる．手順 3° で採用される X は $Z \leqq 1$ という条件が成立したときのものであるから，その密度関数 $f_X(x)$ は次のようにして求められる．

$$f_X(x) = \int_0^1 f_{X,Z}(x, z)\mathrm{d}z \Big/ \int_0^1 \left\{ \int_0^1 f_{X,Z}(x, z)\mathrm{d}z \right\} \mathrm{d}x$$

ここで

$$\begin{aligned} &\int_0^1 f_{X,Z}(x, z)\mathrm{d}z = \frac{\alpha\beta}{\alpha+\beta} x^{\alpha-1}(1-x)^{\beta-1}, \\ &\int_0^1 \frac{\alpha\beta}{\alpha+\beta} x^{\alpha-1}(1-x)^{\beta-1}\mathrm{d}x = \frac{\alpha\beta}{\alpha+\beta} \frac{\Gamma(\alpha)\Gamma(\beta)}{\Gamma(\alpha+\beta)} \end{aligned} \tag{2.61}$$

であるから，結局

$$f_X(x) = \frac{\Gamma(\alpha+\beta)}{\Gamma(\alpha)\Gamma(\beta)} x^{\alpha-1}(1-x)^{\beta-1}$$

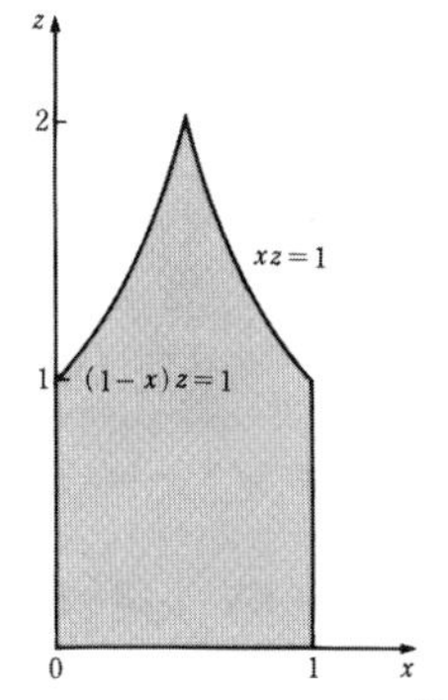

図 2.4 $f_{X,Z}(x, z) > 0$ の範囲

が得られる.

この方法の効率は，手順 2° で $Y_1 + Y_2 \leqq 1$ が成立する確率によるが，その確率は（2.61）式の値に等しい．α, β がともに整数であるとすれば，この値は $\alpha!\beta!/(\alpha+\beta)!$ に等しく，α, β が大きくなるとともに急激に小さくなり，効率が悪くなる.

③ 一様乱数の順序統計量を使う方法（α, β が小さい整数のとき）

$\alpha+\beta-1$ 個の一様乱数を発生し，小さい方から α 番目（= 大きい方から β 番目）のものを X とする.

このようにして定められた X がベータ分布をすることは統計学でよく知られている事実であるが，次のようにして確かめられる．X が微小区間 $(x, x+\mathrm{d}x)$ に入る確率は，$\alpha+\beta-1$ 個の一様乱数のうちの 1 個がこの区間に入り，$\alpha-1$ 個が区間 $(0,x)$ に，$\beta-1$ 個が区間 $(x,1)$ に入る確率に等しい．したがって

$$\begin{aligned}&\binom{\alpha+\beta-1}{\alpha-1}\binom{\beta}{1}x^{\alpha-1}(1-x)^{\beta-1}\mathrm{d}x\\&=\frac{\Gamma(\alpha+\beta)}{\Gamma(\alpha)\Gamma(\beta)}x^{\alpha-1}(1-x)^{\beta-1}\mathrm{d}x\end{aligned}$$

である．

④　Cheng の方法

$Y=X/(1-X)$ の分布の密度関数が

$$f_Y(y)=\frac{\Gamma(\alpha+\beta)}{\Gamma(\alpha)\Gamma(\beta)}\frac{y^{\alpha-1}}{(1+y)^{\alpha+\beta}}\quad(0\leqq y<\infty)\tag{2.62}$$

であることを利用し，Y を棄却法で発生し，$X\leftarrow Y/(1+Y)$ とする．

$$a=\alpha+\beta,$$

$$b=\begin{cases}1/\min(\alpha,\beta), & \min(\alpha,\beta)\leqq 1\text{ のとき},\\ \sqrt{(a-2)/(2\alpha\beta-a)}, & \min(\alpha,\beta)>1\text{ のとき},\end{cases}$$

$$\gamma=\alpha+1/b.$$

算法 2.14

1°　$V\leftarrow b\log[U_1/(1-U_1)]$.

2°　$W\leftarrow\alpha\mathrm{e}^V$.

3°　$\log(U_1^2U_2)>a\log[a/(\beta+W)]+\gamma V-\log 4$ ならば 1° へもどる．

4° $X \leftarrow W/(b+W)$.

手順 1°〜3° を実行する回数の期待値は，$\alpha, \beta \geqq 1$ なら $4/\mathrm{e} \fallingdotseq 1.47$ 以下であり，$\alpha, \beta < 1$ なら 4 以下である．

⑤ 対称分布のための極座標法

Ulrich は，対称なベータ分布（$\alpha = \beta$）に従う乱数発生のための次の算法を提案した．

算法 2.15

1° U_1, U_2 を発生し，$V \leftarrow 2U_2 - 1$ とする．

2° $S \leftarrow U_1^2 + V^2$.

3° $S > 1$ なら 1° へもどる．

4° $X \leftarrow \dfrac{1}{2} + \dfrac{U_1 V}{S}\sqrt{1 - S^{\frac{2}{2\alpha-1}}}$.

この算法では，三角関数の計算を避けるために von Neumann の棄却法を使っているが，三角関数の計算が高速にできるなら，次のようにしてもよい．

算法 2.16

1° U_1，U_2 を発生する．

2° $X \leftarrow \dfrac{1}{2} + \dfrac{1}{2}\sin(2\pi U_1)\sqrt{1 - U_2^{\frac{2}{2\alpha-1}}}$.

二つの算法によって生成される X が同一の分布をすることは，次のようにして確かめられる．正規乱数生成のための極座標法（Box-Muller 法）のところの説明から容易にわかるとおり，点 (W_1, W_2) が単位円の右半分（$W_1 \geqq 0$ の領域）内で一様に分布する場合には，$S = W_1^2 + W_2^2$ は $[0, 1]$ 上で一様分布をし，(W_1, W_2) と原点を結ぶ線分が縦軸となす角 Θ は $[0, \pi]$ 上で一様分布をし，S と Θ は独立である．そして

$$\frac{W_1 W_2}{S} = \cos\Theta \sin\Theta = \frac{1}{2}\sin(2\Theta)$$

である．

次に，算法 2.16 によって生成される X がベータ分布 $\mathrm{Be}(\alpha, \alpha)$ をすることを示そう．まず，変換

$$X_1 = \sin(2\pi U_1)\sqrt{1 - U_2^{\frac{2}{2\alpha-1}}},$$

$$X_2 = \cos(2\pi U_1)\sqrt{1 - U_2^{\frac{2}{2\alpha-1}}}$$

によって定義される X_1, X_2 の同時分布の密度関数 $f_{X_1, X_2}(x_1, x_2)$ を求めよう．逆変換は

$$U_1 = \frac{1}{2\pi}\tan^{-1}\left(\frac{X_1}{X_2}\right),$$

$$U_2 = (1 - X_1^2 - X_2^2)^{\alpha - \frac{1}{2}}$$

であり，逆変換のヤコビアン（の絶対値）を計算すると

$$|J| = \left\| \frac{\partial(u_1, u_2)}{\partial(x_1, x_2)} \right\| = \frac{1}{\pi}\left(\alpha - \frac{1}{2}\right)(1 - x_1^2 - x_2^2)^{\alpha - \frac{3}{2}}$$

が得られる．したがって

$$f_{X_1, X_2}(x_1, x_2) = \frac{1}{\pi}\left(\alpha - \frac{1}{2}\right)(1 - x_1^2 - x_2^2)^{\alpha - \frac{3}{2}}$$
$$(x_1^2 + x_2^2 \leqq 1)$$

となる．これを x_2 で積分すれば X_1 の密度関数 $f_{X_1}(x_1)$ が求められる：

$$f_{X_1}(x_1) = 2\int_0^{\sqrt{1-x_1^2}} f_{X_1, X_2}(x_1, x_2)\mathrm{d}x_2$$

ここで積分変数を $\xi = x_2^2/(1-x_1^2)$ に変換すると，

$$\begin{aligned}
&\int_0^{\sqrt{1-x_1^2}} (1 - x_1^2 - x_2^2)^{\alpha - \frac{3}{2}}\mathrm{d}x_2 \\
&\quad = (1 - x_1^2)^{\alpha - \frac{3}{2}}\int_0^1 (1-\xi)^{\alpha - \frac{3}{2}}\sqrt{1 - x_1^2}\mathrm{d}(\sqrt{\xi}) \\
&\quad = \frac{1}{2}(1 - x_1^2)^{\alpha - 1} B\left(\frac{1}{2}, \alpha - \frac{1}{2}\right)
\end{aligned}$$

であるから，

$$\begin{aligned}
f_{X_1}(x_1) &= \frac{1}{\pi}\left(\alpha - \frac{1}{2}\right) B\left(\frac{1}{2}, \alpha - \frac{1}{2}\right)(1 - x_1^2)^{\alpha - 1} \\
&= \frac{1}{B\left(\frac{1}{2}, \alpha\right)}(1 - x_1^2)^{\alpha - 1} \quad (-1 \leqq x_1 \leqq 1)
\end{aligned}$$

が得られる．したがって，$X = \frac{1}{2} + \frac{1}{2}X_1$ の密度関数は

$$\begin{aligned}
f_X(x) &= \frac{1}{B\left(\frac{1}{2}, \alpha\right)}\{4x(1-x)\}^{\alpha - 1} \cdot \frac{1}{2} \\
&= \frac{1}{B(\alpha, \alpha)} x^{\alpha - 1}(1-x)^{\alpha - 1} \quad (0 \leqq x \leqq 1)
\end{aligned}$$

となる．（最後の等式は，ガンマ関数の倍数公式

$$\Gamma(2\alpha) = \frac{2^{2\alpha}}{2\sqrt{\pi}}\Gamma(\alpha)\Gamma\left(\alpha + \frac{1}{2}\right)$$

を使って導き出される.)

⑥ 棄却法

ベータ分布に従う乱数を発生するための棄却法に基づく算法がいくつか提案されている. そのうちのいくつかを紹介しよう.

A Atkinson-Whittaker の方法

t を $0 < t < 1$ を満たす任意の定数とすると, 次の不等式が成り立つ.

$$x^{\alpha-1}(1-x)^{\beta-1} \leqq \begin{cases} x^{\alpha-1}(1-t)^{\beta-1} & (x \leqq t), \quad (2.63a) \\ t^{\alpha-1}(1-x)^{\beta-1} & (x > t). \quad (2.63b) \end{cases}$$

したがって, 密度関数 $f(x)$ (2.60) の $x^{\alpha-1}(1-x)^{\beta-1}$ をこの不等式の右辺で置きかえて得られる関数を棄却法における“優関数”$c \cdot g(x)$ として使うことができる. c は曲線 $c \cdot g(x)$ の下の面積に等しく,

$$c = t^{\alpha}(1-t)^{\beta-1}/\alpha + t^{\alpha-1}(1-t)^{\beta}/\beta \tag{2.64}$$

である. この方法は $\alpha, \beta \leqq 1$ でかつ $\alpha + \beta \geqq 1$ の場合に比較的効率がよい. その場合, c を最小にする t の値は

$$t_0 = \frac{\sqrt{\alpha(1-\alpha)}}{\sqrt{\alpha(1-\alpha)} + \sqrt{\beta(1-\beta)}} \tag{2.65}$$

である. また, $c \cdot g(x)$ の下の面積のうちで $x \leqq t$ の部分の面積が占める割合は

$$p = \frac{t^{\alpha}(1-t)^{\beta-1}/\alpha}{c} = \frac{\beta t}{\beta t + \alpha(1-t)} \qquad (2.66)$$

である.

密度関数 $g(x)$ は, $x \leqq t$ では $x^{\alpha-1}$ に, また $x > t$ では $(1-x)^{\beta-1}$ に比例するから, $g(x)$ に従う乱数 X は, 次のように逆関数法によって簡単に発生できる.

$$X = \begin{cases} t(U/p)^{\frac{1}{\alpha}} & (U \leqq p), \\ 1-(1-t)\{(1-U)/(1-p)\}^{\frac{1}{\beta}} & (U > p). \end{cases}$$

X を採択するのは, 条件

$$U'cg(X) \leqq f(X)$$

すなわち

$$X^{\alpha-1}(1-X)^{\beta-1} \geqq \begin{cases} U'X^{\alpha-1}(1-t)^{\beta-1} & (X \leqq t), \\ U't^{\alpha-1}(1-X)^{\beta-1} & (X > t) \end{cases}$$

が成り立ったときであるが, これは

$$\begin{cases} X \leqq t \text{ ならば} \quad (1-\beta)\log\left(\dfrac{1-X}{1-t}\right) \leqq -\log U', \\ X > t \text{ ならば} \quad (1-\alpha)\log\left(\dfrac{X}{t}\right) \leqq -\log U' \end{cases}$$

と同等である. $-\log U'$ は平均 1 の指数乱数であるから, 結局, 次の算法が得られる.

算法 2.17

1° U および平均が 1 の指数乱数 E を発生する.

2° $U > p$ ならば 3° へ.

2.1° $X \leftarrow t(U/p)^{\frac{1}{\alpha}}$.

2.2°　$(1-\beta)\log\left(\dfrac{1-X}{1-t}\right) > E$ ならば 1° へもどる．

2.3°　X を採用して終了．

3°　［$U > p$ の場合］

3.1°　$X \leftarrow 1-(1-t)\{(1-U)/(1-p)\}^{\frac{1}{\beta}}$.

3.2°　$(1-\alpha)\log\left(\dfrac{X}{t}\right) > E$ ならば 1° へもどる．

3.3°　X を採用して終了．

B　Cheng の方法

ベータ分布のパラメタ α, β はいずれも分布の形状に影響を及ぼす．（このようなパラメタは形状パラメタと呼ばれる．）したがって，広い範囲の α, β の値に対して有効な（すなわち c の小さい）優関数 $c \cdot g(x)$ を探すことは困難である．そこで，変数変換をして効率のよい優関数を探しやすい分布族に移行して棄却法を適用しようとする試みがいくつか行われている．

X がベータ分布 $\mathrm{Be}(\alpha, \beta)$ に従う確率変数ならば，

$$Y = \frac{X}{1-X}$$

の分布の密度関数は

$$f_Y(y) = \frac{y^{\alpha-1}}{B(\alpha, \beta)(1+y)^{\alpha+\beta}} \quad (y \geqq 0)$$

となる（④ Cheng の方法の項参照）．この分布は第2種のベータ分布と呼ばれる．逆変換は $X = Y/(1+Y)$ であ

る.

一方，$U/(1-U)$ の分布の密度は $[0, \infty)$ 上で $(1+x)^{-2}$ となり，したがって，μ, λ を正のパラメタとするとき

$$W = \left(\mu \frac{U}{1-U}\right)^{\frac{1}{\lambda}} \qquad (2.67)$$

の分布の密度関数は

$$g(x) = \frac{\lambda \mu x^{\lambda-1}}{(\mu + x^{\lambda})^2} \quad (x \geqq 0) \qquad (2.68)$$

である.

Cheng は，μ, λ を次のように選ぶことを提案している.

$$\mu = (\alpha/\beta)^{\lambda}, \qquad (2.69)$$

$$\lambda = \begin{cases} \min(\alpha, \beta) & (\min(\alpha, \beta) \leqq 1) \\ \sqrt{\dfrac{2\alpha\beta - (\alpha+\beta)}{\alpha+\beta-2}} & (\min(\alpha, \beta) > 1). \end{cases} \qquad (2.70)$$

このとき

$$c = \frac{4\alpha^{\alpha}\beta^{\beta}}{\lambda B(\alpha, \beta)(\alpha+\beta)^{\alpha+\beta}} \qquad (2.71)$$

とすると，$c \cdot g(x)$ が $f_Y(x)$ に対する優関数となる.

μ を上記のように定義すると，

$$W = \frac{\alpha}{\beta}\left(\frac{U}{1-U}\right)^{\frac{1}{\lambda}}$$

となる．ここで

$$\sigma = \alpha + \beta, \quad \rho = \alpha/\beta, \quad \gamma = \alpha + \lambda \qquad (2.72)$$

とおくと，次の算法が得られる.

算法 2. 18

1°　U_1，U_2 を発生し，

$$V \leftarrow \frac{1}{\lambda}\log\left(\frac{U_1}{1-U_1}\right),\quad Y \leftarrow \rho e^V$$

とする．

2°　$\sigma \log\left(\dfrac{1+\rho}{1+Y}\right)+\gamma V-\log 4<\log(U_1^2U_2)$ ならば 1° へもどる．

3°　$X \leftarrow \dfrac{Y}{1+Y}$.

この算法において，手順 1° を反復実行する回数の期待値は c であるが，これについては

$$\sup_{\alpha,\beta>0} c=4,\qquad \sup_{\alpha,\beta\geqq 1} c=4/e \fallingdotseq 1.47$$

が成り立つ．したがって，この算法は任意の α,β に対して適用可能ではあるが，特に $\alpha,\beta\geqq 1$ の場合に使用すると効率的である．ただし，$\alpha,\beta\geqq 0.5$ の場合でも $c\fallingdotseq 1.27$ ～1.94 程度であり，効率はそれほど悪くはない．

13　幾何分布 $\mathrm{Ge}(p)$

ある事象が1回の試行では確率 p で起きる（ベルヌーイ試行）ときに，それが最初に起きるまでに必要な試行の回数 N の分布法則は

$$\Pr\{N=n\}=p(1-p)^{n-1}\quad (n=1,2,\cdots) \tag{2.73}$$

で与えられる．これをパラメタ p の幾何分布という．平均値は $1/p$ である．

上記の定義に忠実な発生法は次のとおりである：一様乱数$U_1, U_2, \cdots$を一つずつ発生してpと大小比較をし，はじめて$U_n > p$となったところで止めて$N \leftarrow n$とする．この方法は，$1/p$が小さいとき以外は効率的ではない．

① 指数乱数を使う方法

この分布の累積確率は

$$F(n) = \Pr\{N \leqq n\} = 1 - \sum_{k=n+1}^{\infty} p(1-p)^{k-1}$$

$$= 1-(1-p)^n \tag{2.74}$$

である．したがって，逆関数法を使えば，

$$(1-p)^{n-1} \geqq U > (1-p)^n$$

のとき$N \leftarrow n$とすればよいことになる．すなわち

$$N \leftarrow \left\lfloor \frac{\log U}{\log(1-p)} \right\rfloor + 1. \tag{2.75}$$

$\log U$を，平均が1の任意の指数乱数に負号をつけたもので置き換えてもよい．

② 二者択一法の適用

分布の上側の確率$(1-p)^n$が十分に小さくなるところで打ち切って適用すればよい．

14 二項分布 B$(\boldsymbol{m}, \boldsymbol{p})$

ある事象が1回の試行では確率pで起きるときに，m回の試行でこの事象が起きる回数Nの分布法則は

$$\Pr\{N=n\} = \binom{m}{n} p^n (1-p)^{m-n} \tag{2.76}$$

である.

この定義に忠実な二項乱数生成法は，一様乱数を m 個発生して p より小さいものの個数を N とするものである．この素朴な方法は，m が小さいとき以外は効率的でないことはもちろんである.

計算時間が m に比例して増大することには変わりがないが，幾何分布や指数分布に従う乱数が高速に発生できるならば，上記の素朴な方法よりも速い発生方法が次の事実に基づいて構成できる.

定理 2.2

(1)　$G_1, G_2, \cdots$ が幾何分布 $\mathrm{Ge}(p)$ に従う独立な確率変数ならば,

$$\sum_{i=1}^{N} G_i \leqq m$$

を満たす最大の N は二項分布 $\mathrm{B}(m, p)$ をする.

(2)　$E_1, E_2, \cdots$ が平均 1 の指数分布に従う独立な確率変数ならば,

$$\sum_{i=1}^{N} \frac{E_i}{m-i+1} \leqq -\log(1-p)$$

を満たす最大の N は二項分布 $\mathrm{B}(m, p)$ をする.

[証明]　(1)　$G_1 + \cdots + G_{n+1}$ は，ベルヌーイ試行を繰り返したときに $(n+1)$ 回目の成功が実現するまでの試行の回数であり，これが m を超えるのは，最初の m 回の試

行のうちでの成功の回数が n 以下の場合であるから

$$\Pr\{N \leqq n\} = \Pr\left\{\sum_{i=1}^{n+1} G_i > m\right\}$$
$$= \sum_{k=0}^{n} \binom{m}{k} p^k (1-p)^{m-k}$$

が成り立つ．

(2)　m 個の指数乱数 $E_1, \cdots, E_m$ を発生した場合に，値が $-\log(1-p)$ 以下のものの個数は二項分布 $\mathrm{B}(m, p)$ をする．それは，

$$\Pr\{E_1 \leqq -\log(1-p)\} = 1 - \mathrm{e}^{\log(1-p)} = p$$

だからである．したがって $E_1, \cdots, E_m$ を大きさの順に並べたもの（順序統計量）を $E_{(1)} \leqq E_{(2)} \leqq \cdots \leqq E_{(m)}$ と書くことにすると，$E_{(N+1)} > -\log(1-p)$ を満たす最小の N は二項分布 $\mathrm{B}(m, p)$ をすることになる．そこで，$E_{(n)}$ の分布と

$$\frac{E_1}{m} + \frac{E_2}{m-1} + \cdots + \frac{E_n}{m-n+1}$$

の分布が同じであることが確かめられればよいが，それは次の定理によって保証されている．

定理 2.3

$E_1, \cdots, E_m$ は平均 1 の指数分布に従う互いに独立な確率変数であるものとし，その順序統計量を $E_{(1)} \leqq E_{(2)} \leqq \cdots \leqq E_{(m)}$ とする．$E_{(0)} = 0$ と定義すると，

$$Y_i = (m-i+1)(E_{(i)} - E_{(i-1)}) \quad (i=1, 2, \cdots, m) \tag{2. 77}$$

は互いに独立に平均1の指数分布をする．また，

$$\frac{E_1}{m},\ \frac{E_1}{m}+\frac{E_2}{m-1},\ \cdots,\ \frac{E_1}{m}+\frac{E_2}{m-1}+\cdots+\frac{E_m}{1} \tag{2. 78}$$

の分布は $E_{(1)}, E_{(2)}, \cdots, E_{(m)}$ の分布と同じである．

［証明］ $E_{(1)}, \cdots, E_{(m)}$ の同時分布の密度関数は

$$m!\mathrm{e}^{-x_1}\mathrm{e}^{-x_2}\cdots\mathrm{e}^{-x_m}$$

$$(0 \leqq x_1 \leqq x_2 \leqq \cdots \leqq x_m < \infty)$$

であるが，これが

$$m! \exp\left[-\sum_{i=1}^{m}(m-i+1)(x_i - x_{i-1})\right]$$

$$(0 \leqq x_1 \leqq x_2 \leqq \cdots \leqq x_m < \infty)$$

に等しいことは容易に確かめられる（ただし $x_0=0$ とする）．ここで，$y_i=(m-i+1)(x_i-x_{i-1})$ と定義すると

$$x_1 = \frac{y_1}{m},$$

$$x_2 = \frac{y_1}{m}+\frac{y_2}{m-1},$$

$$\cdots$$

$$x_m = \frac{y_1}{m}+\frac{y_2}{m-1}+\cdots+\frac{y_m}{1}$$

であり，$(x_1, \cdots, x_m)$ から $(y_1, \cdots, y_m)$ への変換のヤコビ

アンは $1/m!$ である．したがって，$(Y_1, \cdots, Y_m)$ の分布の密度関数は

$$\exp\left[-\sum_{i=1}^{m} y_i\right] \quad (y_1 \geqq 0, \cdots, y_m \geqq 0)$$

となり，$Y_1, \cdots, Y_m$ は互いに独立で平均が 1 の指数分布をする．

m が大きい二項分布 B(m, p) に従う乱数の発生は，二者択一法を使えば高速にできる．ただし，準備（表の作成）に $O(m)$ の手間がかかるので，同一のパラメタ m，p について多数の乱数を発生させる場合向きである．近似が許されるならば，正規近似（中心極限定理に基づく近似）を使うのが簡便である．すなわち，m が大きいとき

$$Z = \frac{N - mp + 0.5}{\sqrt{mp(1-p)}} \tag{2.79}$$

の分布は標準正規分布に近いことを利用して，標準正規乱数 Z を発生して

$$N \leftarrow \max\{0, \lfloor Z\sqrt{mp(1-p)} + mp - 0.5 \rfloor\} \tag{2.80}$$

とすればよい．p が 0.5 に近い場合には，m が 20 程度でも近似の精度が相当によいが，p が 0 あるいは 1 に近い場合には，m がずっと大きくないと精度はよくない．大ざっぱな目安としては，$m \cdot \min\{p, 1-p\} \geqq 10$ が成り立つ場合に，この近似を使うことにするとよいであろう．

15　t 分布 $t(\nu)$

自由度が ν の t 分布 $t(\nu)$ の密度関数は

$$f(x) = k_\nu \left(1 + \frac{x^2}{\nu}\right)^{-\frac{\nu+1}{2}} \qquad (-\infty < x < +\infty) \tag{2.81}$$

である（k_ν は規格化定数）．この分布に従う乱数の発生方法としては，統計学の分野で知られている他の分布との関連を利用する方法がまず考えられる．

①　ガンマ乱数の変換

Z が標準正規分布 N(0, 1) に従い，Y が自由度 ν の χ^2 分布に従い，Z と Y が互いに独立ならば，$Z/\sqrt{Y/\nu}$ は自由度 ν の t 分布をする．一方，$G_{\nu/2}$ がパラメタ $\nu/2$ のガンマ分布をするならば，$2G_{\nu/2}$ は自由度 ν の χ^2 分布をすることがわかっている．したがって，

$$X = \frac{\sqrt{\nu}Z}{\sqrt{2G_{\nu/2}}} \tag{2.82}$$

の分布は $t(\nu)$ である．また，Z^2 は自由度が1の χ^2 分布をするから，$G_{1/2}$ をパラメタ $1/2$ のガンマ乱数とすると，

$$X' = \pm\sqrt{\frac{\nu G_{1/2}}{G_{\nu/2}}} \tag{2.83}$$

の分布も $t(\nu)$ である．ただし，符号は等確率でランダムにとるものとする．

②　ベータ乱数の変換

V が対称なベータ分布 $\mathrm{Be}(\nu/2, \nu/2)$ に従うならば

$$X = \frac{\sqrt{\nu}\left(V - \frac{1}{2}\right)}{\sqrt{V(1-V)}} \qquad (2.84)$$

は $t(\nu)$ 分布をするという事実を利用する．正規乱数の採択—棄却に基づいて V を発生する方法と組合わせて得られる次の算法が Marsaglia によって提案されている．

算法 2.19（Marsaglia の算法（$\nu > 2$））

1°　標準正規乱数 Z，平均 1 の指数乱数 E を発生する．

2°　$Y \leftarrow Z^2/(\nu-2)$.

3°　$1-Y \leqq 0$ なら 1° へ．

4°　$W \leftarrow E/(\nu/2-1)$.

5°　$\mathrm{e}^{-Y-W} \geqq 1-Y$ なら 1° へ．

6°　$X \leftarrow Z\{(1-2/\nu)(1-Y)\}^{-\frac{1}{2}}$.

③　採択—棄却法

算法 2.20（Kinderman-Monahan-Ramage の算法 TAR（$\nu \geqq 1$））

1°　U_1 を発生する．$U_1 < 0.5$ なら 3° へ．

2°　$X \leftarrow 4U_1 - 3$．U_2 を発生する．$V \leftarrow U_2$．4° へとぶ．

3°　$X \leftarrow 0.25/(U_1 - 0.25)$．$U_3$ を発生し，$V \leftarrow U_3/X^2$.

4°　$V < 1-|X|/2$ ならば（X を採用して）終り．

$V<(1+X^2/\nu)^{-\frac{\nu+1}{2}}$ なら（X を採用して）終り.
（上記2条件が成立しなければ）1° へもどる.

この算法は，次のようにして得られたものである．まず，$\nu \geqq 1, -\infty < x < +\infty$ に対して，次の不等式が成り立つことに注意する.

$$1-\frac{|x|}{2} \leqq \left(1+\frac{x^2}{\nu}\right)^{-\frac{\nu+1}{2}} \leqq \frac{1}{x^2} \qquad (2.85)$$

$f(x)$ に対する優関数としては，$k_\nu g^*(x)$ を用いる．ただし，

$$g^*(x)=\begin{cases} 1 & (|x|<1) \\ 1/x^2 & (|x| \geqq 1) \end{cases} \qquad (2.86)$$

である．曲線 $g^*(x)$ の下の図形の $|x|<1$ 部分および $|x| \geqq 1$ 部分の面積はともに2である．したがって，確率密度 $g^*(x)/4$ を持つ乱数の発生は容易で，等確率で $\pm U$ または $\pm 1/U$ を採ればよい．手順1° を繰り返し実行する回数の期待値は $4k_\nu$ であるが，$1.27<4k_\nu<1.60$ であるから，効率はかなりよい．上記の不等式 (2.85) の $1-|x|/2$ は，下界関数として，採択の判定の高速化のために使われている.

16　順序統計量

$U_1, \cdots, U_n$ を $[0,1)$ 上の一様分布に従う独立な乱数とするとき，これを大きさの順番に並べたものを順序統計量と

いい，$U_{(1)} \leqq U_{(2)} \leqq \cdots \leqq U_{(n)}$ と書く．一様分布の順序統計量は，以下でしばしば登場するので，その発生法を述べる前に，まずいくつかの性質を挙げておく．詳細については，確率・統計の教科書を見よ．

順序統計量を線分 $[0, 1)$ 上の点と考えると，これらの点によって線分がランダムに分割されることになり，

$$S_1 = U_{(1)}, \quad S_2 = U_{(2)} - U_{(1)}, \quad \cdots,$$
$$S_n = U_{(n)} - U_{(n-1)}, \quad S_{n+1} = 1 - U_{(n)} \qquad (2.87)$$

は分割された各線分の長さである．

定理 2.4

$(S_1, \cdots, S_n)$ は次の単体 B_n 上で一様分布をする．

$$B_n = \{(x_1, \cdots, x_n) \mid x_i \geqq 0, \sum_{i=1}^{n} x_i \leqq 1\}. \qquad (2.88)$$

これは，$(U_{(1)}, U_{(2)}, \cdots, U_{(n)})$ が単体

$$\{(u_1, u_2, \cdots, u_n) \mid 0 \leqq u_1 \leqq u_2 \leqq \cdots \leqq u_n \leqq 1\}$$

上で一様分布をし，変換（2.87）のヤコビアンが1であるからである．

定理 2.5

$E_1, \cdots, E_{n+1}$ を独立な指数乱数とし，$S = E_1 + \cdots + E_{n+1}$，$X_i = E_i / S \ (1 \leqq i \leqq n+1)$ とすると，$(S_1, \cdots, S_{n+1})$ の分布と $(X_1, \cdots, X_{n+1})$ の分布は同じである．

［証明］ $(X_1, \cdots, X_n)$ が (2.88) の単体 B_n 上で一様分布をすることを示せばよい．$E_1, \cdots, E_n, S$ の同時分布の密度関数は

$$f(e_1, \cdots, e_n, s) = \prod_{i=1}^{n} \mathrm{e}^{-e_i} \cdot \mathrm{e}^{-(s-e_1-\cdots-e_n)} = \mathrm{e}^{-s}$$

$$(e_i \geqq 0, \quad s \geqq e_1 + \cdots + e_n)$$

である．したがって $(X_1, \cdots, X_n, S)$ の密度関数は

$$s^n f(sx_1, \cdots, sx_n, s) = s^n \mathrm{e}^{-s}$$

$$(sx_i \geqq 0, \quad 1 \geqq x_1 + \cdots + x_n)$$

となる．これを s で（0 から ∞ まで）積分すれば，$(X_1, \cdots, X_n)$ が B_n 上で一様分布することがわかる．

定理 2.6

1) $\left(\dfrac{U_{(1)}}{U_{(2)}}, \left(\dfrac{U_{(2)}}{U_{(3)}}\right)^2, \left(\dfrac{U_{(3)}}{U_{(4)}}\right)^3, \cdots, \left(\dfrac{U_{(n)}}{U_{(n+1)}}\right)^n\right)$ と $(U_1, U_2, U_3, \cdots, U_n)$ の分布は同じである．（ただし $U_{(n+1)} = 1$ と定義する．）

2) $(U_n^{1/n}, U_n^{1/n}U_{n-1}^{1/(n-1)}, \cdots, U_n^{1/n}U_{n-1}^{1/(n-1)}\cdots U_1^{1/1})$ と $(U_{(n)}, U_{(n-1)}, \cdots, U_{(1)})$ の分布は同じである．

［証明］ 定理 2.5 において，$E_i = -\log U_i$，$E_{(n-i+1)} = -\log U_{(i)}$ であることに注意すれば，1）が正しいことがわかる．2）は 1）からただちに導き出される．

定理 2.5 から，順序統計量を生成する次の算法がただちに得られる．

算法 2.21

1°　独立な指数乱数 $E_1, \cdots, E_{n+1}$ を生成する．

2°　$S_0 \leftarrow 0$，$S_i \leftarrow S_{i-1} + E_i$ $(1 \leqq i \leqq n+1)$．

3°　$U_{(i)} \leftarrow S_i / S_{n+1}$ $(1 \leqq i \leqq n)$．

この算法は，n がごく小さい場合を除けば，n 個の一様乱数を発生して，それを大きさの順序に並べかえるという素朴な算法（これを直接法と呼ぶことにする）よりもずっと速い．ただし，直接法でも，データが一様分布をしているという事実を利用して，バケット・ソーティングを利用すれば，n が大きくてもかなり高速化することは可能である．

定理 2.6 からは次の算法が得られる．

算法 2.22

1°　$U_1, \cdots, U_n$ を生成する．

2°　$U_{(n)} \leftarrow U_n^{1/n}$,

$U_{(n-i)} \leftarrow U_{(n-i+1)} U_{n-i}^{1/(n-i)}$ $(i = 1, 2, \cdots, n-1)$．

次に，一様分布以外の分布からの順序統計量 $X_{(1)} \leqq \cdots \leqq X_{(n)}$ の生成方法について考えよう．素朴な方法は，まず n 個の乱数を発生し，次にこれらを大きさの順番に並べかえることである．この場合にも n が大きければ，一様乱数の場合と同様に，バケット・ソーティングが有効である．分布関数 $F(x)$ の逆関数の値（あるいはその近似値）が容易に計算できるならば，まず一様分布からの順序統計量を生成し，$X_{(i)} \leftarrow F^{-1}(U_{(i)})$（$1 \leqq i \leqq n$）とする方法が使える（逆関数法）．

特定の分布に対しては，その特徴を生かした発生法も考えられる．例えば指数分布に対しては，定理2.3に基づいて次のようにすることができる：指数乱数 $E_1, \cdots, E_n$ を生成し，

$$X_{(1)} \leftarrow E_1/n,$$
$$X_{(i)} \leftarrow X_{(i-1)} + E_i/(n-i+1) \quad (i = 2, 3, \cdots, n) \tag{2.89}$$

とする．また，分布関数が $F(x) = 1 - \exp\{-H(x)\}$（あるいは $F(x) = \exp\{H(x)\}$）という形をしていて，$H(x)$ の逆関数の値が容易に計算できる場合には，

$$X_{(i)} \leftarrow H^{-1}(E_{(i)})$$
$$\text{（あるいは } X_{(i)} \leftarrow H^{-1}(-E_{(n-i+1)})\text{）} \quad (1 \leqq i \leqq n) \tag{2.90}$$

とすることができる．

17　$\boldsymbol{n}$ 次元単位球面上の一様分布

①　正規乱数の変換

互いに独立な標準正規乱数 $Z_1, \cdots, Z_n$ を発生し，

$$(Z_1/R, \cdots, Z_n/R), \quad R=\sqrt{Z_1^2+\cdots+Z_n^2} \qquad (2.91)$$

とすればよい．この方法の正当性は，$(Z_1, \cdots, Z_n)$ の分布が原点からの距離だけに依存し，方向によらないことから容易に確かめられる．

② 一様乱数の変換

次元 n が偶数（$=2m$ とする）の場合には，次の方法も使える．

算法 2.23

1° $U_1, U_2, \cdots, U_m$ を発生し，その順序統計量 $U_{(1)} \leqq U_{(2)} \leqq \cdots \leqq U_{(m)}$ を求める．

2° $R_1 \leftarrow \sqrt{U_{(1)}}$，$R_2 \leftarrow \sqrt{U_{(2)}-U_{(1)}}$，
$R_3 \leftarrow \sqrt{U_{(3)}-U_{(2)}}$，$\cdots$，$R_m \leftarrow \sqrt{1-U_{(m)}}$．

3° $[0, 2\pi)$ 上の一様乱数 $\Theta_1, \cdots, \Theta_m$ を発生する．

4° $X_{2i-1} \leftarrow R_i \cos\Theta_i$，$X_{2i} \leftarrow R_i \sin\Theta_i$
$(i=1, \cdots, m)$．

なお，順序統計量 $U_{(1)}, \cdots, U_{(m)}$ の発生のしかたについては，16 節を見よ．また，$(\cos\Theta_i, \sin\Theta_i)$ の発生には，von Neumann の棄却法（8 節の①参照）を用いることもできる．

この算法の正当性は次のようにして確かめられる．

n 次元空間内の極座標を次のように導入する．

$$x_1 = r\sin\theta_1\sin\theta_2\cdots\sin\theta_{n-2}\sin\theta_{n-1},$$
$$x_2 = r\sin\theta_1\sin\theta_2\cdots\sin\theta_{n-2}\cos\theta_{n-1},$$
$$\cdots$$
$$x_{n-1} = r\sin\theta_1\cos\theta_2,$$
$$x_n = r\cos\theta_1.$$

この座標系では，原点を中心とする単位球面上の面積エレメントは

$$\mathrm{d}A = \sin^{n-2}\theta_1\sin^{n-3}\theta_2\cdots\sin\theta_{n-2}\prod_{i=1}^{n-1}\mathrm{d}\theta_i$$

であり，$|\mathrm{d}A|$ はこの球面上の一様分布の確率エレメントの定数倍である．

この分布に従う点を

$$V_1 = \sin\Theta_1\sin\Theta_2\cdots\sin\Theta_{n-2}\sin\Theta_{n-1},$$
$$V_2 = \sin\Theta_1\sin\Theta_2\cdots\sin\Theta_{n-2}\cos\Theta_{n-1},$$
$$\cdots$$
$$V_{n-1} = \sin\Theta_1\cos\Theta_2,$$
$$V_n = \cos\Theta_1$$

としよう．

$$W_i = \sum_{j=1}^{i} V_j^2 \quad (i = 1, \cdots, n-1)$$

と定義すると，$(W_1, \cdots, W_{n-1})$ の同時分布の密度関数は

$$\frac{定数\times\prod_{i=1}^{n-1}\mathrm{d}w_i}{w_1(w_2-w_1)(w_3-w_2)\cdots(w_{n-1}-w_{n-2})(1-w_{n-1})}$$

となる．このことから，$(2m-1)$ 個の確率変数

$$\begin{aligned}
&Y_1 = W_2 = V_1^2+V_2^2,\\
&Y_2 = W_4-W_2 = V_3^2+V_4^2,\\
&\qquad\cdots\\
&Y_{m-1} = W_{n-2}-W_{n-4} = V_{n-3}^2+V_{n-2}^2,\\
&Z_1 = W_1/W_2,\\
&Z_2 = (W_3-W_2)/(W_4-W_2),\\
&\qquad\cdots\\
&Z_{m-1} = (W_{n-3}-W_{n-4})/(W_{n-2}-W_{n-4}),\\
&Z_m = (W_{n-1}-W_{n-2})/(1-W_{n-2})
\end{aligned}$$

の同時分布の密度関数は

$$定数\times\prod_{i=1}^{m-1}\mathrm{d}y_i\prod_{i=1}^{m}\{z_i(1-z_i)\}^{-\frac{1}{2}}\mathrm{d}z_i$$

$$\left(y_i \geqq 0,\ \sum_{i=1}^{m-1} y_i \leqq 1,\ \ 0 \leqq z_i \leqq 1\right)$$

となることがわかる．したがって，Y_i の分布は区間 $[0,1)$ のランダム分割の分布に一致し，Z_i は Y_j とは独立で $\cos^2\Theta$ と同じ分布をすることがいえる．

$\boldsymbol{X}=(X_1,\cdots,X_n)$ が単位球面上で一様に分布する点ならば，$\boldsymbol{Y}=U^{1/n}\boldsymbol{X}$ は単位球内で一様に分布する点であ

る．また，$\boldsymbol{C}$ を n 次の正則行列とすると，$\boldsymbol{Z}=\boldsymbol{CY}$ は楕円体

$$\boldsymbol{z}^t(\boldsymbol{CC}^t)^{-1}\boldsymbol{z} \leqq 1$$

の内部で一様に分布する点となる．したがって，楕円体

$$\boldsymbol{z}^t\boldsymbol{Az} \leqq 1 \quad (\boldsymbol{A} : n \text{ 次対称正定値行列})$$

の内部で一様に分布する点を生成するためには，$\boldsymbol{A}^{-1}=\boldsymbol{CC}^t$ を満たす $\boldsymbol{C}$ を求めて（これは多次元正規分布の項で述べた Cholesky 分解の算法を使ってできる）$\boldsymbol{Z}=\boldsymbol{CY}=U^{1/n}\boldsymbol{CX}$ とすればよい．

18 単体上の一様分布

n 次元ユークリッド空間内の $(n+1)$ 点 $\boldsymbol{v}_1, \cdots, \boldsymbol{v}_{n+1}$ が一般の位置にあるものとする．（一般の位置にあるとは，どの3点も一直線上になく，どの4点も平面上になく，等々の条件がすべて成り立つことである．）これらの $(n+1)$ 点の凸包

$$H=\{\boldsymbol{x}=\sum_{i=1}^{n+1} w_i\boldsymbol{v}_i \mid \sum_{i=1}^{n+1} w_i=1, w_i \geqq 0 \ (1 \leqq i \leqq n+1)\} \tag{2.92}$$

内で一様に分布する点 $\boldsymbol{X}$ は次のようにして生成できる．

n 個の一様乱数の順序統計量 $U_{(1)} \leqq \cdots \leqq U_{(n)}$ を生成し，その間隔

$$S_1=U_{(1)}, \ S_i=U_{(i)}-U_{(i-1)} \ (2 \leqq i \leqq n), \ S_{n+1}=1-U_{(n)} \tag{2.93}$$

を求めて

$$\boldsymbol{X} = \sum_{i=1}^{n+1} S_i \boldsymbol{v}_i \tag{2.94}$$

とする.

この方法の妥当性は，次のようにして確かめられる．まず $\boldsymbol{S}=(s_1, \cdots, s_n)$ は単体

$$B = \{(x_1, \cdots, x_n) \mid x_i \geqq 0, \sum_{i=1}^{n} x_i \leqq 1\}$$

上で一様分布をすることに注意しよう．$\boldsymbol{X}$ は

$$\boldsymbol{X} = \sum_{i=1}^{n} (\boldsymbol{v}_i - \boldsymbol{v}_{n+1}) S_i + \boldsymbol{v}_{n+1}$$

と書き直せるから，$\boldsymbol{S}$ の 1 次変換によって得られるものであり，したがって $\boldsymbol{X}$ も一様分布をすることがわかる．$\boldsymbol{S}$ が B 全体を動くとき，$\boldsymbol{X}$ が H 全体を動くことは明らかである.

19 無作為抽出

国勢調査のデータのようにきわめて多数（N_0 個）の記録（レコード）が一列に並んでいる中から一定個数（n_0 個）の記録をランダムに（すなわち，どの記録が選ばれる確率も等しいように）選ぶことを考える．データの総数 N_0 があらかじめ正確にわかっている場合と，そうでない場合を区別して扱う.

1） データ総数が既知の場合

各記録を n_0/N_0 の確率で選ぶようにする必要がある．これを実現するのに，各記録について乱数 1 個を発生し

て選ぶかどうかをきめるというやり方では，時間がかかりすぎる．そこで，ある記録が選ばれた後，次の何個の記録を“選ばない”かをきめるというやり方を考えよう．

抽出が進行中の任意の時点で，残っている記録の総数を N，その中から抽出すべき記録の個数を n とする．そして次の1個の記録を選ぶ前に読みとばすべき記録の個数を表す確率変数を $S(n, N)$，あるいは単に S，と書くことにする．そうすると，算法の基本形は次のようになる．

算法 2.24

0° $N \leftarrow N_0$, $n \leftarrow n_0$.

1° $S \leftarrow S(n, N)$.

2° 残っている記録の先頭の S 個を捨て，その次の一つを選ぶ．

3° $N \leftarrow N-S-1$, $n \leftarrow n-1$.

4° $n>0$ なら 1° へ．

そこで，乱数 $S(n, N)$ を効率的に発生することが重要になる．まず，$S(n, N)$ の分布関数 $F(s)$ を求めよう．いま仮に N 個の記録の先頭から一つ一つ選ぶかどうかをきめていくものとしよう．先頭の s 個が選ばれなかったとしたら，$(s+1)$ 番目の記録は確率 $n/(N-s)$ で選ぶことになる．したがって，次の関係式

$$\begin{aligned}1-F(s) &= \Pr\{S>s\}\\ &= \Pr\{S>s-1\}\left(1-\frac{n}{N-s}\right)\\ &= \{1-F(s-1)\}\left(1-\frac{n}{N-s}\right)\end{aligned}$$

が成立し，これから

$$1-F(s)=\frac{(N-n)_{s+1}}{(N)_{s+1}} \quad (0 \leqq s \leqq N-n) \quad (2.95)$$

が得られる．ただし，$(a)_b=a(a-1)(a-2)\cdots(a-b+1)$ である．一方，S の分布の確率関数は

$$f(s)=\Pr\{S{=}s\}=\binom{N-s-1}{n-1}\Big/\binom{N}{n} \quad (0{\leqq}s{\leqq}N-n)$$

であることは容易にわかる．これから，S の平均値と分散は

$$\mathrm{E}(S)=\sum_{s=0}^{N-n} sf(s)=\frac{N-n}{n+1}, \qquad (2.96)$$

$$\mathrm{Var}(S)=\sum_{s=0}^{N-n} s^2f(s)-\{\mathrm{E}(S)\}^2=\frac{(N+1)(N-n)n}{(n+1)^2(n+2)}$$

となり，平均値および標準偏差はいずれもほぼ N/n である．

(2.95) で与えられる分布に従う乱数 S を発生する単純な方法は，逆関数法を利用することである．すなわち，一様乱数 U を発生し，

$$\frac{(N-n)_{s+1}}{(N)_{s+1}} \leqq U \qquad (2.97)$$

を満たす最小の整数 $s=s^*$ を S とすればよい．左辺の計

算には漸化式

$$\frac{(N-n)_{s+1}}{(N)_{s+1}} = \frac{(N-n)_s}{(N)_s} \cdot \frac{N-n-s}{N-s} \qquad (2.98)$$

を利用することができる．(2.97) が成立するかどうかを判定する回数（の期待値）を減らすためには，s^* の良い近似値を簡単に見つける工夫をする必要があるが，ひとつの方法を次に挙げておこう．

定理 2.7

$V_1, \cdots, V_n$ を整数値 $\{0, 1, \cdots, N-n\}$ 上の一様分布をする互いに独立な確率変数とし，$T = \min\{V_1, \cdots, V_n\}$ とすると，次が成り立つ．

（i） $\Pr\{S>i\} \geqq \Pr\{T>i\} \quad (0 \leqq i \leqq N-n)$,

（ii） $0 \leqq E(S)-E(T) \leqq 1$.

［証明］ まず T の分布関数 $G(i)$ を求めよう．

$$\begin{aligned} 1-G(i) &= \Pr\{T>i\} = [\Pr\{V_1>i\}]^n \\ &= \left(\frac{N-n-i}{N-n+1}\right)^n \end{aligned}$$

一方，

$$\Pr\{S>i\} = 1-F(i) = \frac{(N-n)_{i+1}}{(N)_{i+1}} = \frac{(N-i-1)_n}{(N)_n}$$

であるから，（i）が成り立つ．次に，V_k の期待値は，区間 $[-1, N-n]$ 上の連続一様分布の期待値よりも大きいから，

$$\mathrm{E}(T) > \mathrm{E}[\min_{1 \leqq k \leqq n} \{(N-n+1)U_k - 1\}]$$
$$= \frac{N-n+1}{n+1} - 1$$

が成り立つ．これと（2.96）から（ii）が得られる．

この定理により，$1-G(i) \leqq U$ を満たす最小の整数 i^*

$$i^* = \lceil (N-n)-(N-n+1)U^{1/n} \rceil^* \qquad (2.99)$$

は s^* のよい近似値であり，$i^* \leqq s^*$ が成り立つ．したがって，$s = i^*$ から始めて，$i^*+1, i^*+2, \cdots$ について順次（2.97）が成立するかどうかを判定していけばよい．i^* が大きい場合には，$s=i^*$ における $1-F(s)$ の計算は，ガンマ関数の対数を使って次のようにするのも一法である．

$$\log\{1-F(s)\} = \log\{\Gamma(N-n+1)\} - \log\{\Gamma(N-n-s)\} - \log\{\Gamma(N+1)\} + \log\{\Gamma(N-s)\} \qquad (2.100)$$

乱数 $S(n, N)$ を発生する効率的な算法が，採択—棄却法の応用によって得られる．J.S.Vitter は，離散分布 $f(s)$ を（連続な）ベータ分布で近似し，採択の判定に“えぐり出し”の技巧を使うことによって，高速な算法を提案している．具体的には，$f(s)$ に対する優関数 $c \cdot g(x)$ と，下界関数 $h(s)$ は次のように選んでいる．

* 記号 $\lceil z \rceil$ は，z 以上で最小の整数を表す．

$$g(x) = \frac{n}{N}\left(1 - \frac{x}{N}\right)^{n-1} \qquad (0 \leqq x \leqq N), \tag{2.101}$$

$$c = \frac{N}{N-n+1}, \tag{2.102}$$

$$h(s) = \frac{n}{N}\left(1 - \frac{s}{N-n+1}\right)^{n-1}. \tag{2.103}$$

抽出率 n/N が大きい場合には，採択—棄却法よりは，前記の算法 2.24 の方が速い．そこで，Vitter は $n \geqq \alpha N$ ならば算法 2.24 を使うことにしている．最適な α の値はもちろん使用する計算機や言語によって異なるが，およそ 0.05〜0.15 程度である．算法の骨子は次のとおりである．

算法 2.25 (Vitter)

1° $n \geqq \alpha N$ なら算法 2.24 を使い，さもなければ 2° 以下を実行する．

2° 一様乱数 U および $g(x)$ に従う乱数 X を発生する．

3° $U \leqq h(\lfloor X \rfloor)/cg(X)$ ならば $S \leftarrow \lfloor X \rfloor$ として 5° へ．

4° $U \leqq f(\lfloor X \rfloor)/cg(X)$ ならば $S \leftarrow \lfloor X \rfloor$ として 5° へ．そうでなければ 2° へもどる．

5° S 個の記録を読みとばし，$(S+1)$ 個目を選ぶ．
$N \leftarrow N-S-1,\ n \leftarrow n-1$.
$N>0$ ならば 1° へもどる．

g(x) に従う乱数 X は，逆関数法により，一様乱数 U_1 または平均 1 の指数乱数 E を使って

$$X \leftarrow N(1-U_1^{1/n}) \quad または \quad X \leftarrow N(1-\mathrm{e}^{-E/n}) \tag{2.104}$$

として生成できる．しかし，$U_1^{1/n}$ の計算は通常遅いので，Vitter は次のようにして高速化することを提案している．手順 3° における採択の条件は

$$V'^{n-1} \equiv \frac{NU}{N-n+1}\left(\frac{N-n+1}{N-n-S+1}\cdot\frac{N-X}{N}\right)^{n-1} \leqq 1 \tag{2.105}$$

と同等であるが，この条件が成り立ったとき，V'^{n-1} は $[0,1]$ 上で一様分布をするので，手順 5° で $X \leftarrow N(1-V')$ を計算しておき，この X を次の反復のとき手順 2° で発生すべき X の代りに使う．

その他いくつかの点で細かい工夫を施して得られた算法の Pascal 風記述を Vitter が与えている．

2） データ総数 N_0 が未知の場合

きわめて素朴な方法は，最初にまず記録の個数だけを数えて N_0 を知り，次に 1）で述べた算法を適用することであるが，これでは大変に遅い．そこで A. G. Waterman は“溜池（reservoir）式”と称する次のような算法を考案した．まず抽出すべき n 個の記録を溜めておく場所を用意し，ここに初期値として最初の n 個の記録を書き込む．$(n+1)$ 番目以降の記録は，一つ一つ溜池に入れるかどうかをきめていく．$(t+1)$ 番目（$t \geqq n$）の記録は確率 $n/(t+1)$ で溜池に入れる．これを入れることとなった場

合には，現在溜池に入っている n 個の記録のうちの一つを等確率で取り去ればよい．

なお，n 個の記録（データ）が内部記憶に入り切らない場合には，記録の番号のみを内部記憶中に設けた上記の溜池に記入することとし，記録そのものは2次記憶（例えば磁気テープ）中に別の溜池を設けて入れるようにする．2次記憶はランダム・アクセスができないとすれば，溜池にいったん入れた記録は途中では取り出さないで，全記録を見終ってから“巻きもどし”て，内部記憶中の溜池内の番号に基づいて該当する記録だけを拾い出すことにする．この場合，溜池に入れられる記録の総数の期待値は

$$n+\sum_{t=n}^{N_0-1}\frac{n}{t+1}=n(1+H_{N_0}-H_n)\approx n\left(1+\log\frac{N_0}{n}\right) \tag{2.106}$$

である．ここで H_k は調和数である．

Waterman の算法では，各記録について逐一それを溜池に入れるかどうかを検討するので $O(N_0)$ の手間がかかる．そこで，N_0 が既知の場合と同様に，何個の記録を読みとばすかを逐次きめていく型の算法がいくつか考案された．ここでは Vitter のものを述べる．

t 番目の記録を溜池に入れた後で読みとばすべき記録の個数を表す確率変数を $S(n,t)$（あるいは単に S と書く）とし，その確率関数を $f(s)$，分布関数を $F(s)$ とする．上に述べたことにより，$F(s)$ が次のようになることは容易にわかる．

$$1-F(s)=\Pr\{S>s\}=\prod_{i=1}^{s+1}\left(1-\frac{n}{t+i}\right)$$
$$=\frac{(t+1-n)^{[s+1]}}{(t+1)^{[s+1]}} \qquad (2.107)$$

ただし，$a^{[b]}=a(a+1)(a+2)\cdots(a+b-1)$ である．また，これが

$$1-F(s)=\frac{(t)_n}{(t+s+1)_n} \qquad (2.108)$$

に等しいことは，形式的に確かめられる．次に，$f(s)=\Pr\{S=s\}=F(s)-F(s-1)$ であるから，上式から $f(s)$ に対する次の表現が得られる．

$$f(s)=\frac{n}{t-n}\cdot\frac{(t-n)^{[s+1]}}{(t+1)^{[s+1]}}=\frac{n}{t+s+1}\cdot\frac{(t)_n}{(t+s)_n} \qquad (2.109)$$

分布関数 $F(s)$ に従う乱数 S を逆関数法で生成するとすれば，全記録を処理するのに必要となる一様乱数の個数の期待値は Waterman の算法に比べてずっと少なくなるが，$U\leqq F(s)$ を満たす最小の s を探す段階で手間がかかり，結局 $O(N_0)$ の手間がかかることには変わりがない．そこで，1）の場合と同様に，採択—棄却法を利用して S を生成することを考える．$f(s)$ に対する（連続な）優関数 $c\cdot g(x)$ および下界関数 $h(s)$ として

$$g(x) = \frac{n}{t+x}\left(\frac{t}{t+x}\right)^n \quad (x \geqq 0), \tag{2.110}$$

$$c = \frac{t+1}{t-n+1}, \tag{2.111}$$

$$h(s) = \frac{n}{t+1}\left(\frac{t-n+1}{t+s-n+1}\right)^{n+1} \quad (s \geqq 0) \tag{2.112}$$

をとると，

$$h(\lfloor x \rfloor) \leqq f(\lfloor x \rfloor) \leqq cg(x) \quad (x \geqq 0) \tag{2.113}$$

が成り立つことが確かめられる．

$g(x)$ に対応する分布関数 $G(x)$ は

$$G(x) = 1 - \left(\frac{t}{t+x}\right)^n \quad (x \geqq 0)$$

となるので，この分布に従う乱数 X は，逆関数法により

$$X \leftarrow t(U^{-1/n} - 1) \quad \text{または} \quad X \leftarrow t(\mathrm{e}^{E/n} - 1) \tag{2.114}$$

として生成できる（E は指数乱数）．

採択の条件は，

$$U_1 \leqq \frac{h(\lfloor X \rfloor)}{cg(\lfloor X \rfloor)} \tag{2.115}$$

あるいは

$$U_1 \leqq \frac{f(\lfloor X \rfloor)}{cg(\lfloor X \rfloor)} \tag{2.116}$$

が成立することであり，これが成立した場合には $\lfloor X \rfloor$ を S として採用する．

条件（2.115）は

$$\left\{\frac{U_1(t+1)^2(t+\lfloor X\rfloor-n+1)}{(t-n+1)^2(t+X)}\right\}^{\frac{1}{n}} \leqq \frac{(t-n+1)(t+X)}{(t+\lfloor X\rfloor-n+1)t} \tag{2.117}$$

と同等であり，これが成立した場合に不等式の右辺を左辺で割って得られる商 W の分布は $U^{-1/n}$ の分布と同じである．したがって，$t(W-1)$ を次のステップ（すなわち，t を $t+S+1$ に進めた後）での X の代りに使うことができる．

なお，t が小さい場合（$t \leqq \alpha n$）には，この採択—棄却法よりも前記の逆関数法の方が速いので，それを使う方がよい．最適な α の値は，使用する計算機等の条件によって異なるが，Vitter は 10〜40 程度がよいとしている．その他いくつかの点で細かい工夫を施して得られた算法の Pascal 風記述を Vitter が与えている．

第3章　統計的検定

第1章では，一様分布に従う乱数を発生するための種々の算法について述べた．そのうちでも特に合同法については，それによって発生される乱数の“精度”をスペクトル検定によって調べることができること，またM系列乱数については，必要な精度（ビット数）と均等分布の次数を指定して，その指定に合う乱数の発生算法を設計できることを示した．したがって，これらについては，必要とする精度が保証されたものを使う限り，一応安心して使えると言える．しかしながら，これらの“保証”は，真にランダムな系列が持つべき種々の性質のうちの一部分に対するものであること，また一周期全体に対するものであること，に注意する必要がある．

われわれが実際に使うのは，一周期のうちのごく一部分であることが多いから，実際に使う部分について，種々の性質に関する理論的保証があれば大変に好ましい．しかしながら，乱数列の局所的な性質を理論的に調べることは，一周期全体にわたる性質を調べるのに比べれば，はるかにむずかしい．この分野では，主としてH.Niederreiterによっていくつかの研究が行われているが，実用的な成果はまだほとんどないと言えよう．

以上のようなわけで，乱数列の局所的な性質を調べるためには，実際に数列を発生して，統計的な手法を使ってそれを解析するという手段に頼るのが普通である．そのための手法（統計的検定法）はきわめて多数提案されているし，また新しいものを考え出すこともできる．それらのうちから（乱数の）利用目的に応じて選んだいくつかのものに合格した数列を乱数列として使用したらよいだろうという趣旨のことを Lehmer が述べている．（もっとも，たくさんの検定法の中から乱数の利用目的に応じたものを選ぶというのは，実際にはきわめて困難な作業であると思われるが．）

乱数列の統計的検定は，一様乱数列に対してだけではなく，第2章で述べたような変換法によって得られた数列に対しても考えることができる．たとえば，正規分布に従うと期待される数列に対しては，統計学の分野で“正規性の検定”のための手法として知られているものを適用することができる．しかし，一般には，一様乱数に対する検定に比べて，変換された数列に対する検定が行われることはずっと少ないように見受けられる．その理由は，おそらく次のようなものであろう：

> 乱数の変換に使われる手法は，正確なものであるか，または近似式を用いるものであっても誤差が実用上無視しうる程度に小さいものである場合がほとんどである．したがって，変換まえの数列に対する検定を

十分に行っておけば，変換後の数列に対する検定は行わなくてもよい．また，一様乱数は必要に応じていろいろな乱数列に変換して使われるので，そのつど検定をするのは大変にわずらわしい．

上記の理由が絶対に正しいと断定するわけにもいかないが，ここでは慣習にしたがって，一様乱数に対する検定法として提案されているものの中からいくつかを選んで解説する．

1　統計的検定の一般的方法

乱数の検定に使われている種々の検定法の基本になっているのは，“適合度の検定”である．その詳細については数理統計学の書物を参照してもらうこととし，ここでは簡単に考え方を述べることとする．

いまここに n 個のデータ（数値）$x_1, x_2, \cdots, x_n$ があるものとする．これがある確率分布（その分布関数を $F(x)$ とする）からのランダム・サンプルと見なせるかどうかを検定するのが“適合度の検定”である．そのための手法は多数提案されているが，ここではそのうちの二つだけを述べる．

1.1　カイ2乗検定

分布 $F(x)$ に従う確率変数のとりうる値を有限個のクラスに分け，この分布からのランダム・サンプルが各クラスに入る確率を $F(x)$ を用いて計算する．クラスの番号を

$1, 2, \cdots, l$ とし，対応する確率を $p_1, p_2, \cdots, p_l$ という記号で表すことにする．たとえば，$F(x)$ が区間 $[a, b)$ 上の連続分布ならば，この区間内に $l-1$ 個の点 $a_1 < a_2 < \cdots < a_{l-1}$ をとり，l 個の小区間 $[a_{i-1}, a_i)$ $(i=1, 2, \cdots, l; a_0=a, a_l=b)$ を上述のクラスとし，$p_i = F(a_i) - F(a_{i-1})$ とすればよい．$F(x)$ が離散分布の場合には，取りうる値一つ一つがそれぞれ一つのクラスをなすと考えてもよいし，いくつかの値をまとめて一つのクラスを構成してもよい．

次に，n 個のデータを調べ，各クラスに入っている個数を勘定する．それらを $n_1, n_2, \cdots, n_l$ という記号で表すことにする．以上の結果に基づいて次の統計量（カイ2乗統計量）を計算する．

$$\chi_0^2 = \sum_{i=1}^{l} \frac{(n_i - np_i)^2}{np_i}. \tag{3.1}$$

データが分布 $F(x)$ からのランダム・サンプルであれば，n_i の期待値は np_i であるから，χ_0^2 の値はたいていの場合あまり大きくならないであろうと思われる．逆に，データが $F(x)$ からのランダム・サンプルでなければ，χ_0^2 の値は大き目になるであろうと期待される．そこで，ある臨界値を設けて，χ_0^2 がそれ以下なら

H_0：データが分布 $F(x)$ からの
ランダム・サンプルである

という仮説を採択し，そうでなければそれは疑わしいと考える．

それでは，臨界値はどのように定めたらよいであろう

か．それを定めるためには，仮説 H_0 が正しいときに統計量 χ_0^2 がどのような分布をするかを知る必要がある．n が有限の場合，χ_0^2 の分布関数を正確に求めることは，不可能ではないにしても，たいへんにやっかいである．しかし，幸いなことに，n を無限大にもっていったときの χ_0^2 の分布の極限（漸近分布）は，自由度が $l-1$ のカイ2乗（χ^2）分布となることが知られている．したがって，後者の分布の上側 100α パーセント点を $\chi_\alpha^2(l-1)$ とすれば，

$$\Pr\{\chi_0^2>\chi_\alpha^2(l-1)\} \fallingdotseq \alpha \tag{3.2}$$

が成り立つ．左右両辺の値の食い違いの大きさは，（l と α を固定したとき）n が大きくなるとともに小さくなるのであるが，実用上は，すべての i について $np_i \geqq 10$ が成り立つ程度に n が大きければ，食い違いの影響は無視しうるであろうとされている．しかし，計算機で実験を行う場合には，計算はきわめて短時間にできるので，$np_i \geqq 100$ 程度にする方がより好ましいと言えよう．

α の値の選び方については，絶対的な基準というものはないが，$\alpha=0.05$ あるいは $\alpha=0.01$ が慣習的に使われている．$\chi_\alpha^2(l-1)$ の値は，たいていの統計学の教科書や数値表・ハンドブックなどに載っているので，容易に知ることができる．

1.2　Kolmogorov-Smirnov 検定

カイ2乗検定は，本来はとりうる値が有限個の分布に対して考えられたものである．そこで，連続分布などのよ

うにとりうる値が無限個の場合には，それを有限個のクラスに分けて適用するわけである．そのためクラス分けのしかたが検定結果に影響を及ぼすことがある．本節で述べる Kolmogorov-Smirnov 検定（以下 K-S 検定と略す）は，本来連続分布に対して考えられたものであり，クラス分けを必要としないものである．

n 個のデータ $x_1, x_2, \cdots, x_n$ の経験分布関数を $F_n(x)$ とする：

$$F_n(x) = \frac{1}{n}\{x_i \leqq x \text{ を満たすデータの個数}\}. \tag{3.3}$$

データが想定している分布 $F(x)$ からのランダム・サンプルであれば，$F(x)$ のグラフと $F_n(x)$ のグラフは "近い" であろうし，そうでなければ離れているだろうと思われる．二つのグラフの離れ具合を表す量はいろいろ考えられるが，K-S 検定では次の量を用いる．

$$\begin{aligned} K_n &= \max(K_n^+, K_n^-), \\ K_n^+ &= \sqrt{n} \max_{-\infty<x<+\infty}(F_n(x)-F(x)), \\ K_n^- &= \sqrt{n} \max_{-\infty<x<+\infty}(F(x)-F_n(x)). \end{aligned} \tag{3.4}$$

なお，$\sqrt{n}$ を省いて次の定義を用いる流儀もある．

$$\begin{aligned} D_n &= \max(D_n^+, D_n^-), \\ D_n^+ &= \max_{-\infty<x<+\infty}(F_n(x)-F(x)), \\ D_n^- &= \max_{-\infty<x<+\infty}(F(x)-F_n(x)). \end{aligned} \tag{3.5}$$

データが分布 $F(x)$ からのランダム・サンプルである場

合のこれらの統計量の極限分布は次のとおりである.

$$\lim_{n\to\infty}\Pr\{K_n^+\leqq z\}=\lim_{n\to\infty}\Pr\{K_n^-\leqq z\}$$
$$=1-\mathrm{e}^{-2z^2}\quad(z\geqq 0),\quad(3.6)$$

$$\lim_{n\to\infty}\Pr\{K_n\leqq z\}=1-2\sum_{r=1}^{\infty}(-1)^{r-1}\exp\{-2r^2z^2\}$$
$$(z\geqq 0).\quad(3.7)$$

したがって, n が十分に大きい（例えば $n\geqq 1000$ 程度）場合には, K_n^+ あるいは K_n^- の上側 100α パーセント点 $K_n^{\pm}(\alpha)$, すなわち

$$\Pr\{K_n^+>z\}=\Pr\{K_n^->z\}=\alpha\quad(3.8)$$

を満たす z に対する一つの近似値は

$$K_n^{\pm}(\alpha)\fallingdotseq\sqrt{-\frac{1}{2}\log\alpha}\quad(3.9)$$

で与えられる. K_n のパーセント点 $K_n(\alpha)$ については, α が小さければ,

$$K_n(\alpha)\fallingdotseq K_n^{\pm}(\alpha/2)\fallingdotseq\sqrt{-\frac{1}{2}\log\frac{\alpha}{2}}\quad(3.10)$$

が一つの近似式となる.

n が小さい場合のパーセント点は, 数表から求めるのが普通である. これについては, 付録を参照されたい.

K-S 統計量の計算方法

K_n^+ あるいは K_n^- の定義式では, $F_n(x)-F(x)$ あるいは $F(x)-F_n(x)$ の最大値を $-\infty<x<+\infty$ の範囲で求めることになっている. しかし, $F_n(x)$ は $x=x_i$（デー

タ）のところでだけ値が増加する階段関数であるから，上記の最大値は n 個のデータ点 $x=x_1, \cdots, x_n$ のいずれかでとられることは明らかである．したがって，データを大きさの順番に整列したもの（順序統計量）を $x_{(1)} \leqq x_{(2)} \leqq \cdots \leqq x_{(n)}$ と書くことにすると，

$$\begin{aligned} K_n^+ &= \sqrt{n} \max_{1 \leqq j \leqq n} \left\{ \frac{j}{n} - F(x_{(j)}) \right\}, \\ K_n^- &= \sqrt{n} \max_{1 \leqq j \leqq n} \left\{ F(x_{(j)}) - \frac{j-1}{n} \right\} \end{aligned} \tag{3.11}$$

となる．

データの個数 n が小さい場合には，データを整列した後で上式に基づいて最大値を求めればよい．しかし，整列には $O(n \log n)$ の時間がかかるので，n が大きい場合には，整列を必要としないで $O(n)$ の手間で計算できる次の算法（T.Gonzalez, S.Sahni, and W.R.Franta の算法）を用いる方が速い．

算法 KS

この算法では，データの経験分布関数 $F_n(x)$ が $1/n$ の整数倍の値しか取らないことに注目し，したがって $F(b)-F(a) \leqq 1/n$ を満たす任意の区間 $[a, b]$ に属する $x_{(j)}$ のうちで $\{j/n - F(x_{(j)})\}$ および $\{F(x_{(j)}) - j/n\}$ を最大にするのは，それぞれ j（したがって $F(x_{(j)})$）が最大および最小のものであるという事実を利用する．そのために，$y=F(x)$ の値域 $[0, 1]$ を幅が $1/n$ の $n+1$ 個の小区間 $[0, 1/n]$，$(1/n, 2/n]$，$\cdots$，$(1-1/n, 1]$ に分割

し，各小区間に属する$F(x_i)$の中での最大値と最小値を求め，これらを基にして最終結果を求める．具体的には次のように計算する．

上記の小区間の番号を$k=0,1,\cdots,n$とし，k番の小区間に属する$F(x_i)$の個数をn_k，$F(x_i)$の最大値，最小値をそれぞれ$FMAX_k$，$FMIN_k$とする（$n_k=0$のときは，これらの値は定義しなくてよい）．また，$j\leftarrow 0$，$D^+\leftarrow 0$，$D^-\leftarrow 0$とする．次に，$k=0,1,\cdots,n$に対してこの順に，

$n_k>0$ならば
$$\begin{array}{||l} D^- \leftarrow \max(D^-, FMIN_k - j/n) \\ j \leftarrow j+n_k \\ D^+ \leftarrow \max(D^+, j/n - FMAX_k) \end{array}$$

とする．最後に$K_n^+\leftarrow\sqrt{n}D^+$，$K_n{}^-\leftarrow\sqrt{n}D^-$とする．

1.3　検定の積み重ね

カイ2乗検定，K-S検定のいずれを使うにしても，データの個数nをいくつにするかを決めなければならないが，これについては特別の基準はない．nが小さいと，検定の検出力［データが想定している分布$F(x)$からのランダム・サンプルでないときに，それを見抜く力］が弱い*．一方，nをあまり大きくすると，データに局所的な乱れがあってもそれがならされてしまって検出できなくな

---

*　カイ2乗検定の場合には，検出力に直接影響を持つのはクラスの数kであるが，nが小さいとkを大きくできないという意味でnも間接に影響を持つ．

る．そこで，Knuth はひとつの目安として次のようにすることを勧めている．1 個のカイ 2 乗あるいは K-S 統計量を計算するためのデータの個数 n は例えば 1,000 にする．そして，統計量を次々に多数（例えば $r=100$ 個）計算し，これらの r 個の統計量の経験分布関数 $F_r(x)$ がカイ 2 乗あるいは K-S 統計量の理論分布に近いかどうかを再び K-S 検定によって判定する．

このように再度 K-S 検定を行うためには，カイ 2 乗統計量あるいは K-S 統計量の理論分布の分布関数が必要になる．しかも，コンピュータを使って多数のデータの検定を行う場合には，分布関数が数表の形ではなくて，簡単な近似式あるいは算法の形で与えられていることが望ましい．K-S 統計量の場合には，n が 1,000 程度の大きさならば(3. 6)，(3. 7)式の極限分布が十分よい近似式として使える．n が小さい場合については，いくつかの算法およびプログラムがあるが，いずれも単純ではないので，ここでは割愛する．特に興味がある読者は，文献［72］を参照するとよい．

カイ 2 乗分布の分布関数の近似式はいくつか提案されているが，例えば次の Wilson-Hilferty の近似を使えばよいであろう．

$$F(x) \fallingdotseq \Phi(z), \quad z = \left\{ \left(\frac{x}{\nu} \right)^{1/3} - \left(1 - \frac{2}{9\nu} \right) \right\} \Big/ \sqrt{\frac{2}{9\nu}}. \tag{3.12}$$

ここに，Φ は標準正規分布の分布関数，ν はカイ2乗分布の自由度である．Φ に対する近似式もいろいろあるが，例えば Hastings 等による次の近似式が簡便であろう．

$$\Phi(z) \fallingdotseq 1-\frac{1}{2}(1+a_1z+a_2z^2+a_3z^3+a_4z^4+a_5z^5+a_6z^6)^{-16}$$

$$(z \geqq 0),$$

$$a_1 = 0.04986\,73470, \quad a_2 = 0.02114\,10061,$$
$$a_3 = 0.02114\,10061, \quad a_4 = 0.00003\,80036,$$
$$a_5 = 0.00004\,88906, \quad a_6 = 0.00000\,53830. \quad (3.13)$$

2　種々の検定法

本節では，区間 $0 \leqq u < 1$ 上に分布する（規格化された）乱数列を $\langle u_j \rangle = u_0, u_1, u_2, \cdots$ で表す．また d を適当な自然数として，$\lfloor du_j \rfloor$ によって定義される整数の列を記号 $\langle U_j \rangle = U_0, U_1, U_2, \cdots$ で表すことにする．ここに，$\lfloor \cdot \rfloor$ は・を超えない最大の整数を表す．したがって，$\langle u_j \rangle$ が一様乱数列ならば，$\langle U_j \rangle$ は0から $d-1$ までの整数を等確率でとる乱数列となる．d は検定ごとに適当な値をとる．また添字は，場合によっては0ではなくて1から出発することもある．

2.1　1次元度数検定

数列 $\langle u_j \rangle$ が一様乱数列であると主張するためにまず確かめるべきことは，その頻度（度数）分布が一様かどうかということであろう．そのためには，前節で述べたカイ2乗検定あるいはK-S検定が直接使える．カイ2乗検定の場合には $d=l$（クラスの個数）とし，$\langle U_j \rangle$ の度数分布を調べる．各クラスに入る U_j の個数の期待値は $np_i = n/d$ である．K-S検定の場合には $\langle u_j \rangle$ を使う．$F(x)=x$ である．

2.2 2次元度数検定（系列検定）

カイ2乗分布を用いた1次元度数検定の2次元への拡張であり，(u_{2j}, u_{2j+1}) を座標とする点が単位正方形内に一様にばらまかれるかどうかを調べる．そのために，正方形を $d \times d$ 個の等しい面積の小正方形（メッシュ）に切り，各メッシュに入った点の個数 n_i を数える．より具体的に言えば，$2n$ 個の整数乱数 U_j を使い，対 $(U_{2j}, U_{2j+1})(0 \leqq j < n)$ の度数分布 $n_i(1 \leqq i \leqq d^2)$ を調べる．カイ2乗検定は，$l=d^2$，$p_i=1/d^2$ として行う．

このような検定は，3次元以上についても同様に考えることができる．そして，もしそのような検定をずっと高次元まで実行したとすれば，数列 $\langle u_j \rangle$ の一様乱数列としての良さを非常によく調べたことになる．しかし，残念なことに，そのような検定に要する計算時間は次元が増すとともに指数関数的に増加し，実行がきわめて困難である．そこで，それに代るものとして，検出力は弱まるが計算時間があまりかからない検定法がいろいろ提案されている．以下に挙げる検定のうちのいくつかは，そのような性格のものである．

2.3 ポーカー検定

これは相続く5個の整数の組 $(U_{5j}, U_{5j+1}, \cdots, U_{5j+4})$ $(0 \leqq j < n)$，の分布を検討するものである．ただし，上で述べたとおり，この検討を5次元の度数検定として行うと，クラスの数が d^5 となり，計算時間が長くかかる．例えば $d=10$ とした場合には，カイ2乗統計量を1個計算するのに500万個以上の乱数を発生する必要がある．そこでクラスをまとめることによって，その個数を減らすことを考える．最初にM.G.KendallとB.Babington-Smithによって提案されたポーカー検定では，ゲームのポーカーの手になぞらえて，上記の整数の5個組のとるパターンを次の七つに分類する．（異なる文字は異なる数字を意味する．また，数字の組合せのみに注目し，順序は問わない．）

① $abcde$ (All different, Busts)
② $aabcd$ (One pair)
③ $aabbc$ (Two pairs)
④ $aaabc$ (Three of a kind)
⑤ $aaabb$ (Full house)
⑥ $aaaab$ (Four of a kind)
⑦ $aaaaa$ (Five of a kind)

後になってJ.C.Butcherは，クラス分けを容易にするために分割検定（partition test）なるものを提案した．これは，上記の“古典的”ポーカー検定のクラス分けのうちで，③と④，および⑤と⑥をそれぞれまとめてひとつのクラスとするものであり，結局5個の整数のうちで相異なるものが何個あるかを数えることによりクラス分けをすることになっている．

これを一般化すると，k 個の相続く整数（それぞれ $0, 1, \cdots, d-1$ のいずれかの値をとる）の組を n 個観測し，i 種類（$1 \leqq i \leqq k$）の整数からなる k 個組の数を数える．ひとつの k 個組がちょうど i 種類の整数を含む確率 p_i は次のようにして計算できる．

$$
\begin{aligned}
p_1 &= \frac{d}{d^k} a_1, \\
p_2 &= \frac{d(d-1)}{d^k} a_2, \\
&\ \vdots \\
p_k &= \frac{d(d-1)(d-2)\cdots(d-k+1)}{d^k} a_k.
\end{aligned}
\tag{3. 14}
$$

ここに，$a_1, a_2, \cdots, a_k$ は，k には関係するが d には無関係な量である．そして確率の和は1に等しいから

$$
d^k = a_1 d + a_2 d(d-1) + \cdots + a_k d(d-1)\cdots(d-k+1) \tag{3. 15}
$$

が d に無関係に成立しなければならない．この式で $d = 1, 2, \cdots$ と順次おくことにより，$a_1, a_2, \cdots$ の値が求められるが，a_i はふつう第2種スターリング数と呼ばれているもので，

表 3.1 ポーカー検定のための確率

i	1	2	3	4	5
a_i	1	15	25	10	1
p_i	0.0001	0.0135	0.1800	0.5040	0.3024

$$a_i = \left\{ \begin{matrix} k \\ i \end{matrix} \right\} \tag{3.16}$$

という記法によって表現されることが多い．これは相異なる k 個の要素からなる集合をちょうど i 個の空でない部分集合に分割するしかたの数になっている．例えば，$k=5$ 個の要素からなる集合 $\{1, 2, 3, 4, 5\}$ を二つの部分集合に分割するしかたは次の $\left\{ \begin{matrix} 5 \\ 2 \end{matrix} \right\} = 15$ 通りである．（各場合について一方の集合のみを記す．他の集合はもちろん補集合である.）

$\{1\}, \{2\}, \{3\}, \{4\}, \{5\},$

$\{1, 2\}, \{1, 3\}, \{1, 4\}, \{1, 5\}, \{2, 3\}, \{2, 4\}, \{2, 5\},$

$\{3, 4\}, \{3, 5\}, \{4, 5\}.$

$k=5$ の場合について a_i を求め，さらに $d=10$ として p_i を計算してみると表 3.1 のようになる．$i=1, 2$ に対する確率はきわめて小さいので，この二つのクラスは一つにまとめてカイ 2 乗検定を行うのがよい．それでも 5 個組の数 n は，1,000 程度以上にとらなければならない．

表 3.2 第2種スターリング数 $\left\{ \begin{matrix} k \\ i \end{matrix} \right\}$

k＼i	1	2	3	4	5	6	7	8	9	10
1	1	0	0	0	0	0	0	0	0	0
2	1	1	0	0	0	0	0	0	0	0
3	1	3	1	0	0	0	0	0	0	0
4	1	7	6	1	0	0	0	0	0	0
5	1	15	25	10	1	0	0	0	0	0
6	1	31	90	65	15	1	0	0	0	0
7	1	63	301	350	140	21	1	0	0	0
8	1	127	966	1701	1050	266	28	1	0	0
9	1	255	3025	7770	6951	2646	462	36	1	0
10	1	511	9330	34105	42525	22827	5880	750	45	1

この$\left\{ \begin{matrix} k \\ i \end{matrix} \right\}$の組合せ論的解釈からして，次の漸化式が成立することは容易にわかる．

$$\left\{ \begin{matrix} k \\ i \end{matrix} \right\} = i\left\{ \begin{matrix} k-1 \\ i \end{matrix} \right\} + \left\{ \begin{matrix} k-1 \\ i-1 \end{matrix} \right\} \qquad (3.17)$$

(k 個のものを i 組に分けるためには，①1個を取り除いておいて i 組に分け，取り除いておいた1個を i 組のいずれかに入れるか，②1個だけで一つの組を作り，残りの $k-1$ 個を $i-1$ 組に分けるかのいずれかを行えばよい．)
$\left\{ \begin{matrix} k \\ i \end{matrix} \right\}$の値は，この漸化式を使って計算することもできる．これは，二項係数に関する漸化式を使って，いわゆるパスカルの三角形を作るのと類似の作業である．このようにして計算した値を表3.2に示す．

2.4 衝突検定

2次元の度数検定のときに単位正方形を小さな正方形（セル）に分割したのと同様のしかたで高次元の超立方体を分割すると，セルの数がきわめて多くなってしまい，系列検定の高次元版を実行しようとすれば膨大な個数の乱数を発生させなければならない．しかし，系列検定の考え方にこだわらなければ，ずっと少ない乱数を使用しても，乱数列の不具合を検出することが可能である場合もある．なぜなら，乱数列によって座標を定められる点列を次々に超立方体内に配置していくとき，点列が一様に分布しないならば，多くのセルが空である一方で多数の点が含まれるセルが出てくるであろうと思われるからである．そこで，点がすでに含まれているセルにさらに点が入る（これを“衝突”と呼ぶ）回数を数えることによって点の分布の非一様性を検出できるかもしれない．このような考えに基づいて考案されたのが衝突検定である．

具体的には次のようにする．k次元単位超立方体を$m=d^k$個の等体積のセルに分割する．この中に座標が$(u_{kj}, u_{kj+1}, \cdots, u_{kj+k-1})(0 \leqq j \leqq n)$によって定まる$n$点を一つずつ次々に配置していき，衝突の起こった回数Nを数える．ここに，nはmよりずっと小さいものとする．点列の分布が一様でランダムであるならば，Nの確率分布は次式で与えられる.

$$\Pr\{N=c\} = \frac{m(m-1)\cdots(m-n+c+1)}{m^n}\left\{ \begin{matrix} n \\ n-c \end{matrix} \right\} \tag{3.18}$$

衝突検定では通常 m, n は相当大きい. その場合 $\Pr\{N=c\}$ を(3.18)式に従って計算すると, オーバーフローやアンダーフローが起きやすく, 正確な値を得るのは相当困難である. それで, 次の漸化式を使って計算する方がよい. セルの個数 m は固定しておき, ここに ν 点を配置した段階で μ 個のセルに点が入っている確率を $p_m(\mu, \nu)$ と書くことにする. 点をひとつ追加することを考えると, 次の漸化式が成り立つことは容易にわかる.

$$p_m(\mu, \nu+1) = \frac{\mu}{m} p_m(\mu, \nu) + \frac{m-(\mu-1)}{m} p_m(\mu-1, \nu) \quad (1 \leqq \mu \leqq \nu+1) \tag{3.19}$$

初期値および境界値を

$$p_m(1, 1) = 1, \quad p_m(0, \nu) = p_m(\nu+1, \nu) = 0 \quad (\nu \geqq 1) \tag{3.20}$$

として, (3.19) を $\nu = 1, 2, 3, \cdots, n-1$ として順次使えば, $p_m(\mu, n)$ $(1 \leqq \mu \leqq n)$ が求められる. 最後に, 関係式

$$\Pr\{N=c\} = p_m(n-c, n) \tag{3.21}$$

を使って衝突回数の確率分布が得られる.

計算機を使って(3.19)によって確率を計算する場合に, 2次元の配列は不要で, 1次元配列があれば十分であるこ

表 3.3 衝突検定のための確率 $(m=2^{20}, n=2^{14})$

c	101	108	119	126	134	145	153
$\Pr\{N \le c\}$	0.009	0.043	0.244	0.476	0.742	0.946	0.989

とはすぐわかる．すなわち，$p_m(\mu,\nu)$ の値を格納する場所を $A(\mu)$ とし，(3.19)に相当する計算は次のようにすればよい．

$\mu=\nu+1, \nu, \nu-1, \cdots, 0$ の順番に

$$A(\mu) \leftarrow \frac{\mu}{m}A(\mu)+\frac{m-(\mu-1)}{m}A(\mu-1). \qquad (3.22)$$

一例として，$m=2^{20}$，$n=2^{14}$ の場合について確率を計算したものを表3.3に示す．個々の確率は大変に小さいので，累積確率が示してある．

2.5 OPSO 検定

これは G.Marsaglia によって最近提案されたもので，OPSO は overlapping-pairs-sparse-occupancy の略である．衝突検定と似たところもあるが，次の点で異なる．①高次元空間ではなくて2次元空間を考える．しかし，1次元あたりの分割数 d は非常に大きい．(したがってセルの個数はやはり大きい．) ②点の座標は (u_j, u_{j+1}) $(0 \leqq j < n-1)$ によって定め，最後の1点は (u_{n-1}, u_0) とする．したがって点の座標は独立ではない．これが overlapping という修飾語をつけた理由である．③衝突の回数を数える

表 3.4 OPSO 検定のための数値

d	n	μ_n	σ_n
2^{10}	2^{21}	141,909	290.26
2^{11}	2^{22}	1,542,998	638.75
2^{11}	2^{23}	567,637	580.80

代りに，空のセルの個数 M を数える．

数列 $\langle u_j \rangle$ がランダムで，かつ点の個数 n が大きいとき，M は近似的に正規分布をする．（もっと正確に言えば，M の平均と標準偏差を μ_n, σ_n とするとき，$n \to \infty$ における $(M-\mu_n)/\sigma_n$ の極限分布が標準正規分布である．）いくつかの例について，M の平均 μ_n と標準偏差 σ_n を示せば表 3.4 のとおりである．

2.6 間隔検定

数列 $\langle U_j \rangle = U_0, U_1, U_2, \cdots$ の中に現れる同じ数字の間隔（ギャップ）G を調べる．例えば数列が 5, 0, 1, 4, 6, 0, 2, 1, 0, … で，その中の 0 に注目すると，最初の 0 と次の 0 の間の間隔は 3，2 番目の 0 と 3 番目の 0 の間の間隔は 2，という具合である．注目している数字が何であっても，間隔 G の確率分布が次のようになることは容易にわかる．

$$\Pr\{G = g\} = (1-d)^g d, \tag{3.23}$$

$$\Pr\{G \geqq g\} = (1-d)^g \quad (g = 0, 1, 2, \cdots). \tag{3.24}$$

g が大きくなると確率が小さくなるので，いくつかのクラスをまとめてカイ2乗検定をするのが普通である.

この検定では，間隔 G の観測回数があらかじめ定めてある数 n に達するまで数列 $\langle U_j \rangle$ を調べる．したがって，調べる乱数の個数 N はあらかじめわからない．これでは不便で，N をあらかじめ固定しておきたいという場合には，次のようにするとよい．数列 $U_0, U_1, \cdots, U_{N-1}$ を円順列と見なし，U_{N-1} の隣りに U_0 が来るものと考える．この円順列の中に注目している数字（例えば0）が n 個あるものとすると，間隔の個数も n である．間隔の度数分布を調べ，上に述べたのと同じ要領で検定を行えばよい．（N が大きければ，円順列にしたことの影響は無視できる.）

2.7 連の検定

数列 $\langle u_j \rangle$ の中の単調増加の部分（runs up，上昇連）および単調減少の部分（runs down，下降連）の長さを調べる検定である．例えば上昇連の長さは次のようにして調べる.

$$/0.45\cdots, 0.57\cdots, /0.23\cdots, /0.16\cdots, 0.73\cdots, 0.79\cdots/$$

この例では6個の数値が与えられたものであり，両端および $u_j > u_{j+1}$ が成り立つ u_j と u_{j+1} の間に斜線を引いた．上昇連の長さは斜線にはさまれた数字の個数，すなわち $2, 1, 3$ である．（これらから1を引いたものを連の長さと定義する流儀もある.）下降連の長さも同様にして調べられる.

一般には，長さ n の数列が与えられたとして，上昇連あるいは下降連のいずれかに注目し，連の長さの度数分布を調べる．長さ k の連の出現度数を R_k とすると，その期待値は次のようになる．

$$\mathrm{E}[R_k] = \frac{(k^2+k-1)n}{(k+2)!} - \frac{k^3-4k-1}{(k+2)!},$$
$$(1 \leqq k \leqq n-1), \tag{3.25}$$
$$\mathrm{E}[R_n] = \frac{1}{n!}.$$

k が大きくなるにつれて $\mathrm{E}[R_k]$ は急速に小さくなるので，カイ2乗検定を行う場合には，ある長さ l（例えば $l=6$）以上の連の度数はひとまとめにする．その場合，対応する期待度数の和は次式で計算できる．

$$\mathrm{E}[R_l'] = \frac{l\,n}{(l+1)!} - \frac{l^2-l-1}{(l+1)!}, \tag{3.26}$$

$$R_l' = \sum_{k=l}^{n} R_k. \tag{3.27}$$

カイ2乗統計量の計算は，これまで述べた検定のときのようには簡単でない．それは，$R_1, R_2, \cdots, R_{l-1}, R_l'$ の間に相関があるからである．

$$D_k = R_k - \mathrm{E}[R_k], \quad (1 \leqq k \leqq l-1), \tag{3.28}$$

$$D_l = R_l' - \mathrm{E}[R_l'], \tag{3.29}$$

$$v_{ij} = \mathrm{E}[D_i D_j] \quad (1 \leqq i, j \leqq l) \tag{3.30}$$

と定義し，$\{v_{ij}\}$ を要素とする行列（$R_1, R_2, \cdots, R_{l-1}, R_l'$

の分散共分散行列）を V，V の逆行列を $A=(a_{ij})$ とすると，カイ2乗統計量は次のようにして計算する．

$$\chi_0^2 = \sum_{i=1}^{l}\sum_{j=1}^{l} a_{ij} D_i D_j. \tag{3.31}$$

数列 $\langle u_j \rangle$ がランダムならば，数列の長さ n が大きいとき，χ_0^2 は近似的に自由度が l のカイ2乗分布をする．（自由度が $l-1$ や l^2-1 でないことに注意する．）

分散共分散行列 V の一般的表現はきわめて複雑である．そこで，ここでは $l=6$ の場合（すなわち，長さ6以上の連はひとつのクラスにまとめる場合）について，V の成分を数値として示すにとどめる．（V は対称行列なので，主対角成分を含む下側三角部分のみを示す．また，E$-x$ は $\times 10^{-x}$ を表す．）

$$V = nV_1 + V_2, \tag{3.32}$$

V_1:
- 1.277778E−1;
- −1.944444E−2,　1.410218E−1;
- −1.488095E−2, −4.905754E−2,　6.014440E−2;
- −7.159392E−3, −1.972828E−2, −1.117455E−2,　2.221263E−2;
- −2.292769E−3, −5.521936E−3, −3.124950E−3, −1.075984E−3, 5.482982E−3;
- −6.668871E−4, −1.436287E−3, −7.799222E−4, −2.614229E−4, −6.456557E−5,　1.175355E−3;

$$
V_2: \begin{cases}
4.611111E-1; \\
-1.611111E-1, -7.564484E-2; \\
-5.238095E-1, \quad 1.582341E-2, -6.475639E-2; \\
-3.389550E-1, \quad 3.523203E-2, \quad 3.257771E-2, -4.979189E-2; \\
3.510802E-3, \quad 1.682705E-2, \quad 1.199851E-2, \quad 4.995395E-3, \\
-1.915064E-2; \\
2.259700E-3, \quad 6.373457E-3, \quad 3.959937E-3, \quad 1.507256E-3, \\
4.200716E-4, -5.641453E-3;
\end{cases}
$$

V の逆行列である A は

$$
\begin{aligned}
A &= (nV_1 + V_2)^{-1} \\
&= \frac{1}{n}\left(I + \frac{1}{n}V_1^{-1}V_2\right)^{-1} V_1^{-1} \\
&= \frac{1}{n}\left\{I - \frac{1}{n}V_1^{-1}V_2 + \left(\frac{1}{n}V_1^{-1}V_2\right)^2 - \cdots\right\}V_1^{-1}
\end{aligned}
$$

として計算できるが，n が十分（例えば 10,000 以上程度）に大きければ

$$
A \fallingdotseq \frac{1}{n}V_1^{-1} \tag{3. 33}
$$

として差し支えない．V_1^{-1} を計算すると次のようになる．

$$
V_1^{-1} = \begin{bmatrix}
4529.354 \\
9044.902 & 18097.03 \\
13567.95 & 27139.46 & 40721.33 \\
18091.27 & 36186.65 & 54281.27 & 72413.61 \\
22614.71 & 45233.82 & 67852.04 & 90470.08 & 113261.8 \\
27892.16 & 55788.83 & 83684.57 & 111580.1 & 139475.6 & 172860.2
\end{bmatrix} \tag{3. 34}
$$

また，$\chi_0{}^2$ の計算に必要な $\mathrm{E}[R_k]$ 等の値は(3. 25)，(3. 26)式から計算して次のようになる．

$$\mathrm{E}[R_1]=\frac{1}{6}n+\frac{2}{3},\quad \mathrm{E}[R_2]=\frac{5}{24}n+\frac{1}{24},$$
$$\mathrm{E}[R_3]=\frac{11}{120}n-\frac{7}{60},\quad \mathrm{E}[R_4]=\frac{19}{720}n-\frac{47}{720},$$
$$\mathrm{E}[R_5]=\frac{29}{5040}n-\frac{13}{630},\quad \mathrm{E}[R_6']=\frac{1}{840}n-\frac{29}{5040}.$$

これからわかるとおり，長さ6以上の連の個数の期待値 $\mathrm{E}[R_6']$ が一番小さい．それを10以上程度にするために，n は10,000以上程度に大きくとる必要がある．その場合には，定数項を無視しても影響は少ない．

3 統計的検定の例

検定のやり方を具体的に示すために，一つの例を示す．調べたのは，第1章の2. 2. 6節で取り上げた多数項の原始多項式に基づく系列 C であり，付録C3に掲載してあるプログラムによって発生されたものである．そのプログラム中のサブルーチンINTLZには，一つの引数IXが用いられているが，これは初期値の設定をするためのパラメタである．IXには次の8個の値を与えた：

IX = 1985, 9158, 9851, 8915, 8519, 5891, 5198, 1589.

（これらは，検定を始めた時の西暦での年号1985，およびその数字を並べ換えて得られる4桁の奇数16個の中から組織的に半分を選んだものである．）このようにして設定した初期値から得られる約 10^8 個ずつの数値について検定を行った．すなわち，全部で約 8×10^8 個の数について調べたわけである．

検定は2節で述べた7つのやり方全部を使って行った．そのうち，(1) 1次元度数検定，(2) 2次元度数検定，(3) ポーカー検定，(4) 間隔検定，および (5) 連の検定については，次のようにした．まず b 個の乱数を使ってカイ2乗統計量 ${\chi_0}^2$ を計算するという操作を100回繰り返し，得られた100個の数値がカイ2乗分布からのランダム・サンプルと見なせるかどうかをK-S検定によって判定する．したがって，1個のK-S統計量を計算するのに乱数を $B=100b$ 個使用することになるが，これを1ブロックと呼ぶことにする．b の値は検定によって異なり，次に述べるとおりに選んだ．また，ν はカイ2乗分布の自由度を表す．なお，u_j は区間 $[0,1)$ 上の乱数そのものを表し，U_j は u_j の10進表現での小数第1位の数値を表す．

(1)　1次元度数検定

$b=1{,}000$ として U_j の頻度を調べる．$\nu=9$ である．

この場合，各初期値から出発して得られる 10^8 個の乱数にたいして1,000個のK-S検定統計量が得られることになる．表3.5は，初期値をIX= 1985としたときに得られたK-S検定統計量のうちの最初の100個を示したものである．5% の有意水準で両側K-S検定を行うものとすると，$K_{100}=\max(K^+_{100},K^-_{100})=1.340$ が上側5% 点

表 3.5　1次元度数検定結果の例

1	0.70720	0.24140	51	0.66245	0.52419
2	0.19047	0.83412	52	0.41226	1.13190
3	0.70827	0.13463	53	0.75539	0.39229
4	0.58275	0.39988	54	0.49559	1.05276
5	0.73309	0.36951	55	0.86810	0.37618
6	0.30369	0.76595	56	0.52823	0.08611
7	0.93725	0.64660	57	0.05998	1.01161
8	0.51937	0.75187	58	0.29847	0.92743
9	0.96245	0.36862	59	0.70287	0.71498
10	0.94254	0.85451	60	0.16245	0.49418
11	0.86272	0.74800	61	0.04146	1.57900*
12	0.73641	0.37474	62	0.75539	0.33444
13	0.29401	1.23717	63	0.89736	0.75097
14	0.64123	0.56230	64	0.57919	0.42726
15	0.59341	0.75292	65	0.65556	0.55373
16	0.56305	0.35462	66	0.26338	0.95805
17	0.78313	0.22388	67	0.45337	0.89432
18	0.28056	0.66102	68	0.75531	0.46013
19	0.62247	0.46627	69	1.28321	0.51866
20	0.19527	0.71131	70	0.96658	0.29988
21	0.25632	0.64061	71	0.38485	0.54073
22	1.04724	0.05774	72	0.81776	0.38296
23	0.26048	0.69945	73	0.48243	0.98801
24	0.39000	0.56595	74	0.51647	0.36488
25	0.60049	0.53695	75	0.84101	0.67183
26	0.15253	1.07753	76	0.87582	0.09793
27	0.66111	0.55339	77	0.66688	0.52717
28	0.30152	0.66159	78	0.42855	0.76959
29	0.41865	0.48313	79	0.32041	0.82994
30	0.83625	0.36323	80	0.54724	0.31080
31	0.71886	0.64573	81	0.38760	0.51894
32	0.84985	0.18281	82	0.30159	0.75609
33	1.22147	0.20505	83	0.76830	0.67934
34	0.90771	0.37816	84	0.43733	0.94963
35	0.25835	0.84585	85	0.59756	0.46661
36	0.59266	0.43662	86	0.94420	0.41596
37	0.47565	0.46634	87	0.26556	0.76013
38	0.45448	0.90019	88	0.35717	0.86859
39	0.93733	0.56518	89	0.80204	0.45828
40	0.66245	0.47292	90	0.31006	0.73039
41	0.16750	1.06102	91	0.59021	0.49515
42	0.16768	1.41498*	92	0.85499	0.48856
43	0.09587	1.35781*	93	0.47219	0.38587
44	0.55287	1.11296	94	0.26657	0.90380
45	0.42937	0.93251	95	0.84308	0.45492
46	1.10407	0.14325	96	0.39312	0.48135
47	0.50109	0.94636	97	0.37004	0.69535
48	0.44391	0.28380	98	0.59513	0.25609
49	0.13010	1.29738	99	0.71663	0.51296
50	0.30545	0.87343	100	0.55391	0.55354

SUMMARY：　K^{+}_{100} =1.28648　K^{-}_{100} =0.18874

であるので，これを超えた数値の右側には $*$ 印が付してある．乱数列が理想的なものであるとすれば，$*$ 印が付く行（すなわちブロック）の数は二項分布 B(100, 0.05) に従うはずで，その平均は 5，標準偏差は 2.18 である．実際に $*$ 印が付いているのは 3 行であるから，この点に関しては異常であるとはいえない．また，100 個の $\max(K_{100}^{+}, K_{100}^{-})$ の値の分布が K_{100} の理論分布に適合しているかどうかを見るために，再び K-S 検定統計量を求めてみた．それを示したのが SUMMARY：の行である．二つの数値の最大値は 1.340 以下になっているから，この観点から見ても，ここで調べた 10,000,000 個の乱数は異常であるとはいえない．

このような検定結果を他の部分についてもすべて掲載することは紙数の関係で無理なので，要約した結果のみを表 3.6 に示すことにする．この表には，表 3.5 に示したような 100 ブロックごとの SUMMARY の統計量および $*$ 印が付いたブロックの番号の下 2 桁が載っている．例えば，IX=9158 の枠内の 4 行目はブロック番号 401-500 に関する要約であり，06, 07, 13, 90, 00 は，それぞれ 406, 407, 413, 490, 500 番のブロックを表す．

（2） 2 次元度数検定

$b=2{,}000$ として (U_{2j-1}, U_{2j}) の頻度を調べる．$\nu=99$ である．その他は(1)と同様であるが，今回は要約した結果のみを表 3.7 に示した．$K_{100}=\max(K_{100}^{+}, K_{100}^{-})$ が

表 3.6 1次元度数検定結果の要約

IX	K^+_{100}	K^-_{100}	5%有意のブロック
1985	1.286	0.189	42,43,61
	1.031	0.476	17,39,71,76
	0.878	0.398	33
	0.369	0.472	02,16,19,29,61,83
	0.197	1.567	07,61,64,68,72,75,88
	1.251	0.066	26,36,66,98
	0.560	0.527	19,29,35,53,91
	0.764	0.272	23,42,78,97
	1.149	0.261	43,97
	0.326	0.961	05,07,19,35,54,77
9158	0.507	0.308	09,12,18,30,73
	0.640	0.218	15,92
	0.418	0.577	02,19,30,62,69
	0.452	0.716	06,07,13,90,00
	0.430	0.685	22,27,41,62,86,90,98
	0.584	0.605	03,86,90
	0.428	0.799	40,46,62
	0.551	1.134	05,49,70
	1.281	0.223	56,72,83,87
	0.603	0.401	31,41,74,95
9851	0.145	0.912	17,20,45,57,72,75,82,88,92,97,98
	0.735	1.059	21,42,86
	0.183	1.071	18,24,32,38,94
	0.330	0.548	17,40,64,82,91,92
	0.151	0.874	02,18,51,55,57,60,81,92
	0.699	0.348	67
	0.375	1.155	14,21,22,33,35,52,73,86,99
	0.100	2.265	17,24,26,27,28,35,51,52,63,69,00
	0.438	0.646	27,34,43,73,77,79,87
	0.057	1.086	29,38,46,49,54,70,80
8915	0.297	1.429	02,08,10,63,77,95
	0.953	0.322	02,23,70,89,91
	0.887	0.062	12,43,66,94
	0.501	0.701	10,20,42,83,00
	0.484	0.539	38,52,58,60,93
	0.766	0.724	01,16,24,38,39,54,60,71,80,94,98
	0.568	0.886	30,56,71,81
	0.577	0.560	23,52,55,69,83
	0.293	1.169	44,49,82
	0.671	0.525	90,92

IX	K^+_{100}	K^-_{100}	5%有意のブロック
8519	0.116	1.101	10,24,39,55,61,84,88
	0.237	1.214	24,41,47,76,79
	0.610	0.649	13
	0.307	0.650	15,33,37,39,44,57,68
	0.536	0.287	69
	1.223	0.304	19,43
	0.612	0.614	32,51,73
	0.234	0.835	15,34,45
	1.171	0.410	03,04,08,24,32,53,65,72,90
	0.259	1.149	10,20,22,23,47,48,49,52,60,62,80,95
5891	0.797	0.209	58,66
	0.622	0.655	10,41,70,88,92
	0.664	0.708	16,27,38,61,69,78,95
	0.310	0.854	03,46,51,60,96
	0.176	0.725	09,57,58,62,77
	0.562	0.605	23,26,65
	0.378	0.946	15,36,72,79
	0.756	0.326	02,53,59,69,77
	0.291	1.333	11,17,30,79
	0.616	0.927	03
5198	0.321	0.545	34,41
	0.442	0.764	04,28,33,37,42,45,47,52,85
	0.085	0.993	11,18,23,42,83,92
	0.161	1.375	01,10,14,16,42,70,74
	0.116	1.042	16,25,32,41,64,68,70,73,77,79,91,93
	0.400	0.725	18,22,63,82
	0.686	0.424	09,00
	0.269	1.126	01,05,24,27,41,61,81
	0.957	0.310	13,15,19,77,84,91
	0.645	0.070	10,55,58,82
1589	0.660	0.720	81
	0.954	0.386	41,55,56
	1.073	0.454	06,33,41,71,96
	0.767	0.275	20,74,00
	0.148	0.801	06,16,42,54,58,60,99
	0.804	0.270	01,15,61,87
	0.575	0.381	14,43,49
	0.245	0.763	14,25,28,46,73
	0.566	0.657	90
	0.648	1.046	42,58,64,67

1.340を超えているのが40のうちの5個で，やや多いようにみえる．しかしながら，40個のK_{100}の値に対して再びK-S検定を行ったところ，有意ではないという結論が得られた．

表 3.7　2 次元度数検定結果の要約

IX	K^+_{100}	K^-_{100}	5％有意のブロック	IX	K^+_{100}	K^-_{100}	5％有意のブロック
1985	0.005	1.280	01,03,10,25,27,42,46,65,66,70,75	8519	0.622	0.185	03,21,39,42,43,70
	0.335	0.436	39,43,50,52,74,93		0.222	0.960	09,17,27,45
	0.543	0.730	10,16,32,45		0.148	0.670	01,14,35,72
	0.860	0.345	05,11,61,80		0.533	0.892	25,26,33,67,73,80
	0.670	0.183	54,71,72,79,94		2.303	0.174	60,67
9158	0.950	0.611	07,27,37,40,72,94,96	5891	0.307	0.721	11,24,33,46,52,70
	0.483	0.951	16,18,31,40,91,95		0.462	0.941	17,45,59,63,80,86
	0.612	0.540	67,81,82,		0.272	0.449	22,35,44,65,67,89,91,96
	0.125	1.074	18,66,70,78,80,84,86		0.235	0.645	26,57,70
	0.677	0.523	77		0.893	0.212	33,40,42,89,94
9851	0.585	0.699	48,57	5198	0.485	0.460	32,33,52,78,79
	1.237	0.460	18,24,30,32		1.469	0.506	29,32,35,46,67,80
	0.484	0.424	20,22,24,29,38,65,83		0.300	0.599	52,60,72,93,99
	0.749	0.112	14,29,40,82,94		0.018	1.274	19,20,39,54,68,79,89,90,98
	0.215	1.118	07,23,32,39,54,88,89		0.472	0.755	43,97
8915	1.460	0.009	15,57	1589	0.754	0.509	47,59,70,96
	0.736	0.813	09,19,21,25,28,35,56		1.922	0.076	41,44
	1.294	0.482	01,13,34		0.948	0.480	13,34,38,39,48,63,90,99
	0.128	0.819	18,20,45,49,52,70,83,84		1.393	0.336	86,87
	1.061	0.343	19,38,44,70,90		0.836	0.453	68

(3)　ポーカー検定

$b = 5{,}000$ として相続く 5 個の整数 $(U_{5j-4}, U_{5j-3}, U_{5j-2}, U_{5j-1}, U_{5j})$ のうち何個が相異なるかを調べる．度数の期待値は，相異なる数字の個数の大きい方から順番に 302.4, 504, 180, 13.5, 0.1 である（表 3.1）．最後の二つのクラスの期待度数は小さいので，合わせて一つのクラスとする．したがって $\nu=3$ である．検定結果の要約を示したものが表 3.8 であるが，特に異常は認められない．

(4)　間隔検定

系列 $\langle U_j \rangle$ 中の同一数値間のギャップを調べる．$b = 5{,}000$ として，b 個の乱数列の末尾は先頭へサイクリックに連なっているものと考える．ギャップの長さが $n(\geqq 0)$

表3.8 ポーカー検定結果の要約

IX	K^+_{100}	K^-_{100}	5%有意のブロック
1985	0.691	0.490	07,14,17,22,50,90
	1.132	0.448	23,85
9158	0.825	0.449	21,30,48,75
	0.726	0.316	42,47,63,83
9851	1.151	0.166	11
	0.632	0.615	27
8915	0.185	1.089	08,13,58,65,81,95
	1.133	0.326	72
8519	1.282	0.126	33,53,93
	0.284	0.907	03,19,45,59,62,94,00
5891	1.020	0.213	71
	0.056	0.897	18,58,59,66,70,94
5198	0.286	0.977	09,46,52
	0.925	0.593	09,75
1589	0.482	0.654	38,52,95,96
	0.863	0.306	29,34,42,60,82,85

である確率は$(1/10)(9/10)^n$である．nが大きくなると，この確率は小さくなりすぎるので，$n=10\sim14$，$n=15\sim19$，$n=20\sim24$，$n=25\sim29$，$n\geqq30$は，それぞれまとめて一つのクラスとしている．したがって$\nu=14$である．検定結果を要約したものを表3.9に示した．各初期値IXについて，左側の欄が最初の100個のブロック，右側の欄が残りの100個のブロックに対する検定結果を示している．これについても，特に異常は認められない．

(5) 連の検定

$b=10{,}000$として$\langle u_j\rangle$の上昇連および下降連の長さを調べる．連の長さは1, 2, 3, 4, 5, および6以上の6クラスとする．$\nu=6$である．表3.10に要約を示したが，良好な結果である．

表 3.9　間隔検定結果の要約

IX		K_{100}^{+}	K_{100}^{-}	5%有意のブロック	K_{100}^{+}	K_{100}^{-}	5%有意のブロック
1985							
	(0)	0.774	0.117	5,13,41,77,88	0.897	0.183	19,51,59,64
	(1)	0.080	1.267	4, 9,18,21,60,62,71,79,95,99	0.425	1.167	3,21,25,45,49,83,92
	(2)	0.583	0.679	69,76,81,82	0.853	0.327	9,22,68,70,74,77, 0
	(3)	0.727	0.479	1,39,77,95	0.323	0.598	2, 5,24,28,44,69,74,84,97
	(4)	0.248	0.761	7,39,67,92	0.149	1.079	1,10,23,29,44,50,57
	(5)	0.620	0.310	55,58,93	1.021	0.105	59,75,77
	(6)	0.334	0.968	24,56,83	1.190	0.348	10,12,15,43
	(7)	0.161	0.875	25,42,48,51,67,75,92	1.176	0.537	20,25,49,58,80,92, 0
	(8)	0.618	0.666	6, 8,15,28,39,51,82	0.602	0.851	64,71,88
	(9)	0.766	0.279	34,88	0.711	0.178	17,20,73,97
9158							
	(0)	0.327	0.654	1,36,39	1.420	0.329	21,75,76
	(1)	0.553	1.102	8,39,42,87	0.299	0.830	11,17,55,61
	(2)	0.893	0.166	24,48,74,80,93	0.507	0.780	20,27,33,42,50
	(3)	0.624	0.287	2,21,34,83,93,94	0.147	0.722	39,56,84,85
	(4)	0.443	0.544	7,56,75	1.096	0.289	9,11,29,39,59,67,99
	(5)	1.252	0.113		0.732	0.305	3, 6,23,28,97
	(6)	1.123	0.835	3,15,57,80	0.427	0.447	8,15,23,27,66,73,86,99
	(7)	0.446	0.919	8,10,15,89,94,95	0.443	0.835	38,49,57,61
	(8)	0.310	0.530	28,53,62,65,69,97	0.479	1.063	5, 7,27,60,74
	(9)	0.186	0.600	8,25,39,48,53,60,64,68,79,93	0.593	0.464	1,13,28,39,43,56
9851							
	(0)	0.834	0.073	56	0.848	0.541	4,23,49,54,57,66
	(1)	0.840	0.483	4, 6,22,23,38,54,60,65,98	0.948	0.426	59,63,83,91
	(2)	0.263	0.654	4,12,42,71,77,93,96,98	0.685	0.132	5,66,92,95
	(3)	1.070	0.242	28,72,94	0.479	0.335	23,55,83,94
	(4)	1.136	0.182	32,38,47,63, 0	0.225	1.199	11,21,35,94
	(5)	0.108	0.900	16,25,31,35,41,52,63,92	0.899	0.071	19,51
	(6)	1.152	0.229	7,22,32,83	0.128	0.564	24,31,35,37,41,54
	(7)	0.623	0.534	3,58,79,81	0.897	0.403	5,26,59,60,91,95
	(8)	0.571	0.508	16,23,38,66	1.267	0.148	8,17,43,57,80,82
	(9)	0.820	0.528	40,42,59,77	0.320	0.626	9,28,45,63,93
8915							
	(0)	0.865	0.387	27,41,43,79	0.524	0.360	3,11,32,69
	(1)	0.581	0.485	19,92,96	0.932	0.413	1,27,63,85,97
	(2)	0.986	0.311	11,39,48,51,66,79,81	0.365	0.939	19,25,39,45,56,63,64,94
	(3)	0.910	0.277	6,87	0.341	0.605	3,15,61,72
	(4)	0.679	0.814	83	0.104	0.727	14,23,84,86,87,90
	(5)	0.831	0.353	19,25,32,54,90	0.539	0.317	20,40,91,99
	(6)	0.380	0.367	30,41,84,93	0.265	0.458	1,12,16,82,83,84,93
	(7)	0.055	1.717	3,32,58,59,64,77	0.447	0.554	11,24,42,47,51,70,92
	(8)	0.186	1.434	2,3,13,14,22,27,52,71,76,93	0.125	0.700	17,32,46,54,61,62,72,83
	(9)	0.169	1.045	2,23,26,80,97	0.151	0.910	12,17,29,50
8519							
	(0)	0.357	1.164	1, 6, 7,21,23,24,49,51,73,85,92	0.878	0.275	4,13,96
	(1)	0.366	0.669	9,19,42,50,85	0.810	0.621	30,47,72,78,89
	(2)	0.359	0.802	2,29,36,48,69,96	1.106	0.614	10,18,84
	(3)	0.904	0.413	7,13,34,38,58,78,86	0.600	0.806	15,16,83
	(4)	0.376	0.805	10,58,82	0.265	1.044	7, 8,70,92,97
	(5)	0.292	1.114	14,44,68	1.028	0.297	58,82,84,85
	(6)	0.953	0.069	8,12,79	0.929	0.594	22,47,78,83
	(7)	0.340	0.900	4,35,37,67,73,79	0.785	0.222	38,44
	(8)	0.337	0.787	36,74,98,99	0.729	0.694	14,15,25
	(9)	0.778	0.465	32,33,99	0.284	0.549	11,35,46,57,62,74,78,87
5891							
	(0)	0.378	0.559	45,84,98	0.362	0.572	28,56,76
	(1)	0.637	0.457	1, 8,23,72,90	0.276	0.735	35,69, 0
	(2)	0.808	0.308	17,41,46,52,77,80	0.326	0.800	21,22,37,46,91
	(3)	0.860	0.126	30,96	1.078	0.136	6,64,67,78
	(4)	0.779	0.469	7,13,22	0.518	0.601	85,94
	(5)	0.457	0.743	4, 5,14,28,54,55,80,85, 0	0.607	0.372	9,11,14,18,41,98
	(6)	0.220	0.842	24,40,42,59,61,81,82,86,96	0.592	0.200	3,20,73
	(7)	0.443	0.371	23,41,75,82	1.271	0.526	27,33,65
	(8)	0.084	0.892	50,56,57,65,69,72,76,93	0.293	1.405	17,18,30,33,51,68,71,82, 0
	(9)	0.349	1.086	18,45,47,58,88,96	0.894	0.411	1,15,18,36,53,62,72

```
5198
    ( 0 ) 0.963 0.554                                           1.059 0.606 31,50,55,56,63,82
    ( 1 ) 0.648 0.663  1,11,26,33,47                            0.353 0.713  8,15,45,81
    ( 2 ) 0.560 0.987 25,39,43,99                               1.229 0.271 30,43,64
    ( 3 ) 0.998 0.140  6,51                                     1.628 0.228 15,35,39,53,90
    ( 5 ) 0.695 0.191  9,27,37,81                               0.241 1.117  4, 5,24,26,28,39,44,48,55,73
    ( 6 ) 1.521 0.519 16,21                                     0.156 1.292  9,27,42,48
    ( 7 ) 0.112 0.957 40,43,65,71,93,95                         0.860 0.272 24,37,57,59,81
    ( 8 ) 0.574 0.166 69,99, 0                                  0.660 1.102 39,54,59,66,69
    ( 9 ) 0.935 0.485  3,50,61,74                               0.321 0.980 26,27,44,52,74,82,87,96, 0
    ( 9 ) 0.553 0.731 13,38,43,52,56,71,81,87                   0.281 0.801 12,14,15,31,71,86
1589
    ( 0 ) 0.541 0.684 17,24,91,97                               0.676 0.611 11,38,43,96,99
    ( 1 ) 0.864 0.734  3,13,26,50,91                            0.879 0.213  4,32,47,53,57,90
    ( 2 ) 0.206 1.151 42,72,77,90                               0.236 1.713  2,11,13,47,48,63,66,70,89,91
    ( 3 ) 0.461 0.902 28,59,78                                  0.216 0.912  8,47,59,63,68,70,86
    ( 4 ) 0.660 0.642 23,44,45,65,67                            0.228 1.257  5,10,18,29,30,43,51,83,85,88
    ( 5 ) 0.681 0.900  6,27,48,56,66,96                         0.746 0.052 68,90
    ( 6 ) 0.437 1.305 42,46,55, 0                               1.157 0.096  7,42,43
    ( 7 ) 1.095 0.636  4,11,78,84,91                            0.143 1.040 12,16,33,38,47,83,87,88
    ( 8 ) 0.940 0.398  1,31,47,75,89,96                         0.426 0.713  5, 8,38,46,50,51,53,68
    ( 9 ) 1.034 0.328 10,22,58,98                               0.560 0.941  7
```

表 3.10　連の検定結果の要約

IX	K^+_{100}	K^-_{100}	5％有意のブロック
1985	0.225	0.832	03,37,39,66,95
	0.942	0.353	13,20,35,50,90
9158	0.809	0.341	12,27,35,46,52,63,73,81
	0.883	0.277	29,43,53
9851	0.623	0.163	32,35,43,58,61,64
	0.551	0.887	09,30,59,67,92
8915	1.117	0.258	18,26,30,38,43,47,79
	0.339	0.940	01,36,50
8519	1.130	0.352	18,23,55,59,61,63,65
	0.618	0.662	17,51,74,92
5891	0.914	0.213	16,37,70,85,92
	0.817	0.334	09,14
5198	0.352	0.601	17,49,86,93
	0.188	0.591	30,36,42,44,60,86,91
1589	0.558	0.609	19,32,34,37,87,99
	0.580	0.603	02

各初期値の枠内で，上段は上昇連，下段は下降連を表す．

(6)　衝突検定

10次元の単位超立方体を考え，1次元について4等分して全部で $m=4^{10}$ 個の同体積のセルに分割する．この超立方体の中に投げ入れる点の座標を乱数列 $\langle u_j\rangle$ の連続する 10 個の要素を使って定める．点の数 n は 2^{14} としたが，この場合，衝突回数の理論的な確率分布は表 3.3 に示したとおりである．

このような計算を各初期値 IX について 30 回繰り返し行った．結果の一例を表 3.11 に示す．この結果に対してカイ 2 乗検定を適用するためには，個々の度数が小さ過ぎるので，5 回分を併合し，さらに衝突回数を 4 クラスにまとめた．SUM2 の欄の数値は，このようにしてプールされた度数である．これにたいして，カイ 2 乗検定統計量の数値を計算して示したのが表 3.12 である．自由度は 3 で，上側 5% 点は 7.815，1% 点は 11.345 である．48 個の数値のうちで，5% 点を超えているもの（$*$ 印）は 3 個，1% 点を超えているものはないので，妥当な結果が得られたものといえよう．

(7)　OPSO 検定

1 次元あたりの分割数 $d=2^{10}$，配置する点の個数 $n=2^{21}$ とした．各初期値 IX から出発して得られる乱数列について，この検定を 50 回行い，空のセルの個数を規格化した数値を表 3.13 に示した．これらは，近似的に標準正規分布に従って分布すべきものであるので，5% 有意の数値（絶対値が 1.960 以上の数値）には $*$ 印が付してある．また，50 個の数値が標準正規分布からのランダム・サンプルとみなせるかどうかを調べるために，K-S 検定統計量 K_{50}^{+}，K_{50}^{-} の値を計算して最後に示してある．これら

表 3.11　衝突検定結果の一例

I X=　　1589

COLLISIONS .LE. PROBABILITY CUM. PROB.	101 0.009 0.009	108 0.034 0.043	119 0.201 0.244	126 0.232 0.476	134 0.266 0.742	145 0.204 0.946	153 0.043 0.989	999 0.011 1.000
1	1	0	3	3	6	6	1	0
2	1	0	5	8	4	2	0	0
3	0	2	4	2	6	5	0	1
4	0	3	2	5	8	2	0	0
5	0	2	3	5	4	4	2	0
SUM 1	2	7	17	23	28	19	3	1
SUM 2			26	23	28			23
6	1	2	0	4	8	4	1	0
7	0	2	3	5	3	5	2	0
8	0	2	2	4	1	10	0	1
9	0	1	8	1	4	6	0	0
10	0	0	3	3	7	6	1	0
SUM 1	1	7	16	17	23	31	4	1
SUM 2			24	17	23			36
11	0	1	1	4	6	5	3	0
12	0	0	5	5	5	4	1	0
13	0	0	5	4	3	4	4	0
14	1	0	3	4	6	5	1	0
15	0	1	3	7	4	4	1	0
SUM 1	1	2	17	24	24	22	10	0
SUM 2			20	24	24			32
16	0	1	6	2	6	5	0	0
17	1	1	3	3	10	1	1	0
18	0	0	2	6	4	6	1	1
19	0	1	8	3	2	6	0	0
20	0	1	4	3	5	3	2	0
SUM 1	1	4	23	17	27	23	4	1
SUM 2			28	17	27			28
21	0	2	2	1	7	6	1	1
22	0	1	3	4	4	6	2	0
23	0	0	6	3	4	6	1	0
24	0	1	2	5	6	5	1	0
25	0	0	3	5	6	3	2	1
SUM 1	0	4	16	18	27	26	7	2
SUM 2			20	18	27			35
26	0	1	7	7	3	1	1	0
27	0	2	4	3	7	3	1	0
28	0	0	6	5	7	1	1	0
29	0	2	2	2	5	5	3	1
30	0	1	3	8	3	4	0	1
SUM 1	0	6	22	25	25	14	6	2
SUM 2			28	25	25			22

は，いずれも妥当な数値である．

表 3.12　衝突検定結果の要約

I X	χ^2 値（自由度=3）					
1985	4.099	5.703	3.367	4.372	9.213*	1.197
5198	1.433	8.291*	6.924	2.289	7.297	5.027
8519	2.278	0.784	0.841	0.674	4.391	4.055
9851	0.935	1.285	3.171	0.400	0.656	1.435
9158	2.006	2.084	4.403	1.953	1.572	1.215
1589	0.484	6.183	2.565	2.382	5.246	1.327
5891	6.865	0.367	0.516	0.185	1.598	2.725
8915	0.810	10.525*	7.648	5.885	0.821	0.336

表 3.13 OPSO 検定の結果

I X =	1985	9158	9851	8915	8519	5891	5198	1589
1	0.686	−1.413	2.336*	0.568	−0.283	1.240	−0.596	−1.147
2	0.396	0.630	0.427	−1.288	0.765	0.754	2.098*	−0.469
3	−0.196	−0.803	−2.512*	−0.455	0.003	0.975	−0.262	−0.320
4	0.803	0.052	0.954	−1.230	0.906	1.130	−0.493	−0.706
5	0.410	−0.834	0.872	−2.394*	−0.072	0.679	2.446*	0.041
6	−0.775	0.810	−0.792	0.103	0.799	−0.723	−1.833	0.682
7	−1.130	2.753*	−1.874	0.513	1.278	−1.292	0.345	0.641
8	−0.758	−1.388	−0.789	0.007	−0.165	−0.482	−1.044	−1.719
9	0.388	−1.257	1.581	0.658	1.192	−0.245	−0.110	−0.448
10	0.017	−1.850	−1.333	0.524	0.396	−0.606	0.734	−1.864
11	1.340	−0.496	1.557	−1.426	0.589	1.354	0.562	−1.878
12	0.465	−0.589	−0.076	0.079	−0.872	0.500	−0.493	1.526
13	−1.413	−0.045	0.0	−0.217	0.689	2.160*	−0.848	0.017
14	0.562	−1.082	−0.096	−1.292	0.179	−1.382	−1.454	−0.338
15	0.875	−0.686	−0.158	−0.978	0.589	0.424	0.531	−0.630
16	−1.964*	−0.565	1.437	−1.609	−0.899	−0.806	−0.462	−0.179
17	−0.761	1.330	−0.682	0.307	1.957	1.071	0.424	−0.341
18	−0.706	−0.203	−0.121	−0.131	−0.534	−0.754	−0.544	0.710
19	−1.864	1.075	−0.420	−0.586	−0.096	−0.338	0.620	2.257*
20	0.913	−0.513	0.003	0.448	−1.023	−0.751	−0.606	−3.686*
21	−0.813	0.386	0.982	−1.395	−2.029*	−0.007	−1.288	0.238
22	−1.106	0.768	−1.523	0.283	0.217	0.407	0.286	0.627
23	1.051	−1.464	0.024	0.686	−0.572	0.699	−1.096	1.664
24	−0.059	1.202	1.326	0.265	−1.078	−2.064*	1.316	−0.968
25	−0.014	−0.644	−0.782	0.079	0.555	0.548	0.675	0.648
26	0.289	−0.806	−0.479	1.368	0.138	0.637	−0.479	0.713
27	0.152	−1.199	−1.402	−0.417	−1.585	−1.257	0.727	−1.233
28	1.009	1.382	−1.147	0.103	−0.220	0.289	−2.050*	−0.493
29	−0.944	−0.579	0.603	1.313	0.269	0.717	−0.358	−0.637
30	1.561	−0.692	1.275	−0.558	0.451	0.748	1.457	−0.220
31	−0.861	0.737	0.562	1.223	0.114	1.137	1.767	0.651
32	−0.110	1.282	−0.317	1.633	−0.320	0.427	0.713	0.713
33	−0.200	−0.389	0.193	0.169	1.333	−0.482	2.053*	−0.314
34	0.348	−0.124	−0.262	0.772	0.189	0.513	0.183	−0.944
35	0.806	0.696	−1.354	−1.113	0.648	1.020	1.481	−0.768
36	0.916	1.282	1.475	1.030	−0.258	−1.506	0.052	1.399
37	−0.734	−0.245	2.219*	−0.420	−0.217	0.438	0.823	−0.241
38	−1.464	0.003	−0.034	2.591*	−1.464	−0.179	0.792	−2.215*
39	−0.410	0.079	0.183	−1.854	−0.703	0.689	−0.479	0.076
40	0.114	0.572	1.636	−0.100	0.544	1.943	0.289	−0.796
41	0.348	0.565	−0.978	−0.944	2.102*	−1.075	0.448	0.475
42	−1.382	1.144	0.407	−0.744	−0.520	0.162	1.626	−1.967*
43	1.068	0.475	1.878	−1.368	−0.231	0.283	−0.451	0.844
44	1.705	0.989	2.866*	1.030	−0.131	−0.906	−0.593	−0.723
45	0.837	−0.923	0.737	1.137	0.465	−0.127	0.599	0.689
46	0.513	0.417	−1.044	−0.703	0.675	−0.334	1.061	0.413
47	−1.247	−1.261	−0.617	0.283	−1.178	−1.995*	1.612	0.537
48	−0.396	0.127	1.454	0.582	−2.188*	−1.578	0.103	0.238
49	−1.275	−1.543	−0.820	−0.431	1.078	−0.596	0.668	−0.358
50	0.517	−0.875	−2.146*	−0.338	−0.393	−0.903	−0.572	1.185
K_{50}^{+} =	0.707	0.920	0.445	0.499	0.510	0.339	0.241	0.834
K_{50}^{-} =	0.538	0.292	0.981	0.223	0.667	0.833	0.937	0.245

付　録

A. スペクトル検定のプログラム

第1章の1.4節で述べた合同法乱数の乗数の良さを判定するためのスペクトル検定用のプログラムの一例である．これは，Hopkins [68] によるプログラムに修正を施したものであり，Knuth [9] による算法の記述にほぼ忠実に従っている．使用する計算機は，1語が32ビット以上のものを想定している．

このプログラムを使用する際に値を与えるべき引数（入力変数）は次の五つである．

A：　合同法の乗数 a.

M：　合同法の法（modulus）M．ただし，乗算型合同法で，法が 2^e に等しい場合には，$M' = 2^{e-2}$ を引数の値とする．M≦MMAX を満たす必要がある．
プログラム中では，パラメタ MMAX の値を 2^{25} としているが，もっと大きな M について計算したい場合には，計算を2倍精度（double precision）ではなくて4倍精度（quadruple precision）で行うことが望ましい．この場合には，MMAX$= 2^{53}$ とすることができる．なお，経験によれば，M≦2^{32}の場合に実際に4倍精度で計算する必要があるのは，Step 8だけであると言われている．

BIGK：　検定の最大次元．通常は6以下とする．

IU, IV：　プログラム中で使用する2次元配列U，Vの寸法を指定する．通常はBIGKと同じ値を与える．

値が返される引数（出力変数）は次のとおりである．

NU：　波数ν_k（$2 \leqq k \leqq$BIGK）．

LOGNU：　$\log_2 \nu_k$（$2 \leqq k \leqq$BIGK）．

IFAULT：　誤りの表示．

＝0：　誤りなし，

＝1：　BIGT＜2，

＝2：　A≧M，A≦0，またはM≦0，

＝3：　M>MMAX，

＝4：　AとMが互いに素でない，

＝5：　計算途中でオーバー・フローが起きた．

```
      SUBROUTINE SPECTR(A, M, BIGK, NU, NUSQ, LOGNU, U, IU, V, IV, Z,
     *  IFAULT)
C
      INTEGER BIGK, IU, IV, T, T1, IFAULT
      DOUBLE PRECISION A, M, NU(BIGK), NUSQ(BIGK), LOGNU(BIGK),
     *  U(IU, BIGK), V(IV, BIGK), Z(BIGK)
      DOUBLE PRECISION H, HPRIME, MMAX, MMAX2, MSQ, P, PPRIME, Q,
     *  QTEMP, R, S, SIGN, UC, VC, VIJ, VJJ, W, ZERO, ONE, TWO,
     *  VPROD
      DATA ZERO /0.0D0/, ONE /1.0D0/, TWO /2.0D0/
C
      PARAMETER (MMAX = 2.0D0**25)
C ------ TEST THE VALIDITY OF THE INPUT PARAMETERS ------
      MMAX2 = MMAX * MMAX
```

```
      IFAULT = 0
      IF (BIGK .LT. 2) IFAULT = 1
      IF (A .GE. M .OR. A .LE. ZERO .OR. M .LE. ZERO) IFAULT = 2
      IF (M .GT. MMAX) IFAULT = 3
      IF (IFAULT .GT. 0) RETURN
C ------ CHECK A AND M ARE RELATIVELY PRIME ------
C ------ NEED VALID A AND M ------
C ------ USE EUCLIDS ALGORITHM ------
      H = A
      HPRIME = M
   10 R = DMOD(HPRIME, H)
      IF (R .EQ. ZERO) GOTO 20
      HPRIME = H
      H = R
      GOTO 10
   20 IF (H .NE. ONE) IFAULT = 4
      IF (IFAULT .NE. 0) RETURN
      MSQ = M * M
C ------ STEP 1: INITIALIZATION ------
      H = A
      HPRIME = M
      P = ONE
      PPRIME = ZERO
      R = A
      S = ONE + A * A
C ------ STEP 2: EUCLIDEAN STEP ------
   30 Q = DINT(HPRIME / H)
      UC = HPRIME - Q * H
      VC = PPRIME - Q * P
      W = UC * UC + VC * VC
      IF (W .GE. S) GOTO 40
      S = W
      HPRIME = H
      H = UC
      PPRIME = P
      P = VC
      GOTO 30
C ------ STEP 3: COMPUTE NU(2) ------
   40 UC = UC - H
      VC = VC - P
      W = UC * UC + VC * VC
      IF (W .GE. S) GOTO 50
      S = W
      HPRIME = UC
      PPRIME = VC
   50 NUSQ(2) = S
C ------ INITIALIZE U AND V MATRICES ------
      T = 2
      U(1, 1) = -H
      U(1, 2) = -HPRIME
      U(2, 1) = P
      U(2, 2) = PPRIME
      SIGN = ONE
      IF (PPRIME .GT. ZERO) SIGN = -ONE
      V(1, 1) = SIGN * PPRIME
      V(1, 2) = -SIGN * P
      V(2, 1) = SIGN * HPRIME
      V(2, 2) = -SIGN * H
C ------ STEP 4: ADVANCE T ------
   60 IF (T .EQ. BIGK) GOTO 200
      T1 = T
      T = T + 1
      R = DMOD(A * R, M)
      U(1, T) = -R
```

```
      U(T, T) = ONE
      U(T, 1) = ZERO
      V(1, T) = ZERO
      V(T, T) = M
      DO 70 I = 2, T1
      U(I, T) = ZERO
      U(T, I) = ZERO
      V(I, T) = ZERO
   70 CONTINUE
      DO 90 I = 1, T1
      QTEMP = V(1, I) * R
      Q = DNINT(QTEMP / M)
      V(T, I) = QTEMP - Q * M
      DO 80 I2 = 1, T
   80 U(I2, T) = U(I2, T) + Q * U(I2, I)
   90 CONTINUE
      S = DMIM1(S, VPROD(U(1, T), U(1, T), T))
      K = T
      J = 1
C ------ STEP 5: TRANSFORM ------
  100 DO 120 I = 1, T
      IF (I .EQ. J) GOTO 120
      VIJ = VPROD(V(1, I), V(1, J), T)
      VJJ = VPROD(V(1, J), V(1, J), T)
      IF (TWO * DABS(VIJ) .LE. VJJ) GOTO 120
      Q = DNINT(VIJ / VJJ)
      DO 110 I2 = 1, T
      V(I2, I) = V(I2, I) - Q * V(I2, J)
      U(I2, J) = U(I2, J) + Q * U(I2, I)
  110 CONTINUE
      K = J
  120 CONTINUE
C ------ STEP 6: EXAMINE NEW BOUND ------
      IF (K .EQ. J) S = DMIN1(S, VPROD(U(1, J), U(1, J), T))
C ------ STEP 7: ADVANCE J ------
      J = J + 1
      IF (J .EQ. T + 1) J = 1
      IF (J .NE. K) GOTO 100
C ------ STEP 8: PREPARE FOR SEARCH ------
      DO 130 J = 1, T
      NU(J) = ZERO
      LOGNU(J) = ZERO
      QTEMP = VPROD(V(1, J), V(1, J), T)
      IF (QTEMP .GT. MMAX2) GOTO 220
      QTEMP = QTEMP / MSQ
      Z(J) = DINT(DSQRT(DINT(QTEMP * S)))
  130 CONTINUE
      K = T
C ------ STEP 9: ADVANCE XK ------
  140 IF (NU(K) .EQ. Z(K)) GOTO 190
      NU(K) = NU(K) + ONE
      DO 150 I = 1, T
  150 LOGNU(I) = LOGNU(I) + U(I, K)
C ------ STEP 10: ADVANCE K ------
  160 K = K + 1
      IF (K .GT. T) GOTO 180
      NU(K) = -Z(K)
      DO 170 I = 1, T
  170 LOGNU(I) = LOGNU(I) - TWO * Z(K) * U(I, K)
      GOTO 160
  180 S = DMIN1(S, VPROD(LOGNU, LOGNU, T))
C ------ STEP 11: DECREASE K ------
  190 K = K - 1
```

```
      IF (K .GE. 1) GOTO 140
      NUSQ(T) = S
      GOTO 60
C ------ CALCULATE NU AND LOG(NU) ------
  200 DO 210 I = 2, BIGK
      NU(I) = DSQRT(NUSQ(I))
      LOGNU(I) = DLOG(NU(I)) / DLOG(TWO)
  210 CONTINUE
      RETURN
C
  220 IFAULT = 5
      RETURN
      END
C
      DOUBLE PRECISION FUNCTION VPROD(U, V, T)
C ------ CALCULATE THE INNER PRODUCT OF THE ------
C ------ TWO VECTORS U AND V OF LENGTH T. ------
      INTEGER T
      DOUBLE PRECISION U(T), V(T), SUM, ZERO
      DATA ZERO /0.0D0/
C
      SUM = ZERO
      DO 10 I = 1, T
   10 SUM = SUM + U(I) * V(I)
      VPROD = SUM
      RETURN
      END
```

B.　GF(2)上の原始3項式の例

$T=2^p-1$ が素数で，$f(x)=x^p+x^q+1\,(p>q)$ が原始多項式となる p，q の組のうちのいくつかを次に挙げる．$f(x)$ が原始多項式なら，$x^p+x^{p-q}+1$ も原始多項式

p	q
89	38
127	1, 7, 15, 30, 63
521	32, 48, 158, 168
607	105, 147, 273
1279	216, 418
2281	715, 915, 1029
3217	67, 576
4423	271, 369, 370, 649, 1393, 1419, 2098
9689	84, 471, 1836, 2444, 4187

である.

C. M系列乱数発生用プログラム

(1) プログラム C1

第1章の例 1.3 で述べた発生法のプログラムである. 1 語 =32 ビットで, 負の整数は補数表現をする計算機の使用を前提としている. 実際には, 先頭ビットは使用していないので, 本文で述べた整数型系列 $\langle X_t \rangle$ の最後のビットを切り落した系列 $\langle X_t/2 \rangle$ が得られる.

INIT(IX) は初期設定をするためのプログラムであり, 引数 IX には正の奇数を与え, 1 度だけ CALL すればよい. 初期設定完了後は, 乱数が必要なつど UNIF1(R) を CALL すれば, 引数 R に $[0, 1)$ 上の乱数が得られる. 対応する整数型乱数 $X_t/2$ は M(J) に入っている.

IEOR は排他的論理和 (exclusive or) をとるための演算を表す. これは標準の FORTRAN には入っていない機能なので, 使用する計算機に応じてこの部分を書き直す必要がある. UNIF2(R) および UNIF3(R) は, FORTRAN の標準の機能である論理演算を用いてこの部分を書き直した例である. ただし, このようにしても, 論理演算を 32 ビット全部にわたって行わない計算機では, 所望の結果が得られないことに注意しなければならない. その場合には, IEOR をアセンブリ言語で実現する等の手段を講ずる必要がある.

初期値設定プログラム INIT の 5〜6 行目では, 合同法

$$X_n = 69069 X_{n-1} \pmod{2^{32}}$$

によって発生される乱数 X_n（プログラム中では変数IX）の最高位の1ビットを使ってM系列の初期値を設定している．5行目では，掛け算の結果として一般にオーバー・フローが起きる．これを避ける必要がある場合には，IXの内容を上位および下位16ビットに分割し，二つの変数を使ってこれらを表し，掛け算を書き直すなどの処置をすればよい．

```
      SUBROUTINE INIT(IX)
      COMMON/RAND/M(521),J
      DIMENSION IA(521)
      DO 10 I=1,521
      IX=IX*69069
   10 IA(I)=ISIGN(1,IX)
      DO 20 J=1,521
      IH=MOD((J-1)*32,521)+1
      MJ=0
      DO 30 I=1,31
      II=MOD(IH+I-2,521)+1
      MJ=2*MJ+(IA(II)-1)/(-2)
      IJ=MOD(II+488,521)+1
   30 IA(II)=IA(II)*IA(IJ)
      M(J)=MJ
      II=MOD(IH+30,521)+1
      IJ=MOD(II+488,521)+1
   20 IA(II)=IA(II)*IA(IJ)
      J=0
      RETURN
      END
C
      SUBROUTINE UNIF1(R)
      COMMON/RAND/M(521),J
      J=J+1
      IF(J.GT.521) J=1
      K=J-32
      IF(K.LE.0) K=K+521
      M(J)=IEOR(M(J),M(K))
      R=FLOAT(M(J))*0.4656613E-9
      RETURN
      END
```

```
C
      SUBROUTINE UNIF2(R)
      COMMON/RAND/M(521),J
      DATA N/2147483647/
      J=J+1
      IF(J.GT.521) J=1
      K=J-32
      IF(K.LE.0) K=K+521
      M(J)=(N-M(K)).AND.M(J).OR.(N-M(J)).AND.M(K)
      R=M(J)*0.4656613E-9
      RETURN
      END
C
      SUBROUTINE UNIF3(R)
      INTEGER A,B
      LOGICAL AA,BB,LCJ,LCK
      EQUIVALENCE (A,AA),(B,BB)
      EQUIVALENCE (LCJ,MCJ),(LCK,MCK)
      COMMON/RAND/M(521),J
      DATA N/2147483647/
      J=J+1
      IF(J.GT.521) J=1
      K=J-32
      IF(K.LE.0) K=K+521
      MCJ=N-M(J)
      MCK=N-M(K)
      A=M(K)
      B=M(J)
      BB=LCJ.AND.AA.OR.LCK.AND.BB
      M(J)=B
      R=FLOAT(B)*0.4656613E-9
      RETURN
      END
```

(2) プログラム C2

第1章の例1.4で取り上げた発生法のプログラムであり，Tootill *et al.* のものを若干修正したものである．1語が32ビット以上からなる計算機の使用を前提としている．LSHF(A, B) は，A の内容を B ビット左へ（B が負のときには |B| ビット右へ）論理シフトする演算を表し，使用する計算機に応じて書き直す必要がある．その他の論

理演算に関する注意については(1)を参照のこと.

初期設定プログラム INIT23(Q, R) を呼ぶためには, 1 次元配列 Q の 1 番目から 18 番目までにそれぞれ 32 ビットの整数を, また 19 番目には 31 ビットの整数を入れておく必要がある. 1 次元配列 R には 607 個の整数型乱数が得られる. 後は, 607 個の乱数を使い切ったたびごとに RECUR(R) を呼べば, 配列 R に次の 607 個の乱数が得

```
      SUBROUTINE INIT23(Q,R)
      INTEGER Q(607), R(607)
      DATA MASK32, MASK23 /ZFFFFFFFF, Z7FFFFF/
      K = Q(19)
      M = Q(10)
      DO 10 I = 19,607
      L = Q(I-18)
      N = Q(I-8)
      IW1 = LSHF(K,1) + LSHF(L,-31)
      IW2 = LSHF(M,15) + LSHF(N,-17)
      Q(I) = MASK32.AND.IEOR(IW1,IW2)
      K = L
      M = N
   10 Q(I-18) = MASK23.AND.L
      DO 20 I = 590,607
   20 Q(I) = MASK23.AND.Q(I)
      L = 1
      M = 0
   30 DO 40 I = L,607,16
      M = M + 1
   40 R(M) = Q(I)
      IF (M.EQ.607) RETURN
      L = L + 1
      CALL RECUR(Q)
      GO TO 30
      END
C
      SUBROUTINE RECUR(R)
      INTEGER R(607)
      DO 10 I = 1,273
   10 R(I) = IEOR(R(I), R(I+334))
      DO 20 I = 274,607
   20 R(I) = IEOR(R(I), R(I-273))
      RETURN
      END
```

られる.

(3) プログラム C3

第1章の 2.2.6 節で取り上げた系列 C を生成するプログラムである. 使用上の（論理演算, およびオーバー・フローの回避に関する）注意は C1 の場合と同様である.

```
001 C****************************************
002 C M-SEQUENCE BY A PRIMITIVE POLYNOMIAL
003 C WITH MANY TERMS
004 C   CODED BY T. SAITO
005 C   REVISED BY M. FUSHIMI
006 C****************************************
007 C------- INITIALIZE -------
008       SUBROUTINE INTLZ(IX)
009       INTEGER P,P2,P3,Q
010       PARAMETER (P=521,P2=P*2,P3=P*3,Q=32)
011       INTEGER  SRC,DST,W(P3),X(P3),XO(P2),
012      + X1(P2),X2(P2),X3(P2),BIT(32),WI
013       COMMON //SRC,DST,W
014       DO 5 I=1,P2
015       XO(I)=0
016       X3(I)=0
017     5 CONTINUE
018       BIT(32)=0
019       BIT(1)=2**30
020       DO 10 J=2,31
021         BIT(J)=BIT(J-1)/2
022    10 CONTINUE
023       IR=IX
024       DO 20 I=1,P
025         IR=IR*69069
026         IF(IR.GT.0) XO(I)=1
027    20 CONTINUE
028       DO 25 I=P+1,P2
029         XO(I)=MOD(XO(I-P)+XO(I-Q),2)
030    25 CONTINUE
031       X3(2)=1
032       DO 30 I=1,P-1
033         IMD2=MOD(I,2)
034         DO 31  J=P,1,-1
035           X3(2*J-IMD2)=X3(J)
036           X3(2*J-1+IMD2)=0
037    31   CONTINUE
038         CALL MODP(X3,P,Q)
039    30 CONTINUE
040       CALL PRODCT(XO,X3,X1,P)
041      DO 35 I=P+1,P2
042        X1(I)=MOD(X1(I-P)+X1(I-Q),2)
```

```
043     35 CONTINUE
044        CALL PRODCT(X1,X3,X2,P)
045        DO 40 I=1,P
046          X(3*I-2)=X0(I)
047          X(3*I-1)=X1(I)
048          X(3*I)=X2(I)
049     40 CONTINUE
050        DST=1
051        SRC=3*(P-Q)+1
052        DO 50 I=1,P3
053          WI=0
054          DO 51 J=1,32
055            IF(X(DST).EQ.0) GO TO 53
056            WI=WI+BIT(J)
057     53     X(DST)=MOD(X(DST)+X(SRC),2)
058            DST=MOD(DST,P3)+1
059            SRC=MOD(SRC,P3)+1
060     51   CONTINUE
061          W(I)=WI
062     50 CONTINUE
063        RETURN
064        END
065 C ------- INNER PRODUCT ------
066        SUBROUTINE PRODCT(F,G,H,P)
067        INTEGER F(1),G(1),H(1),P,WORK
068        DO 10 I=1,P
069         WORK=0
070         DO 20 J=1,P
071          IF(G(J).EQ.1) WORK=WORK+F(I+J-1)
072     20  CONTINUE
073         H(I)=MOD(WORK,2)
074     10 CONTINUE
075        RETURN
076        END
077 C ------- RESIDUAL POLYNOMIAL ------
078        SUBROUTINE MODP(H,P,Q)
079        INTEGER H(1),P,Q,R
080        R=P-Q
081        DO 10 I=P,1,-1
082          H(I)=MOD(H(I)+H(I+P),2)
083          H(I+R)=MOD(H(I+R)+H(I+P),2)
084          H(I+P)=0
085     10 CONTINUE
086        RETURN
087        END
088 C --- GENERATE THE NEXT RANDOM NUMBER ---
089        SUBROUTINE RND(IRND,FRND)
090        INTEGER P,Q,P3
091        PARAMETER (P=521,Q=32,P3=P*3)
092        INTEGER SRC,DST,W(P3)
093        COMMON // SRC,DST,W
094        IRND=W(DST)
095        FRND=IRND*0.4656613E-9
096        W(DST)=IEOR(W(DST),W(SRC))
097        DST=MOD(DST,P3)+1
098        SRC=MOD(SRC,P3)+1
099        RETURN
100        END
```

D. Kolmogorov-Smirnov 検定のためのパーセント点 $\boldsymbol{K_n^{\pm}(\alpha)}$

第3章の（3.4）式で定義される統計量 K_n^+ および K_n^- に対して

$$\Pr\{K_n^+ > z\} = \Pr\{K_n^- > z\} = \alpha$$

が成立する z の値（上側 100α パーセント点）$K_n^{\pm}(\alpha)$ を，いくつかの n および α について示す．

$K_n = \max(K_n^+, K_n^-)$ のパーセント点 $K_n(\alpha)$ が必要な場合には，$K_n^{\pm}(\alpha/2)$ が近似値として利用できる．

n	α=.10	α=.05	α=.025	α=.01	α=.005
1	0.9000	0.9500	0.9750	0.9900	0.9950
2	0.9670	1.0980	1.1906	1.2728	1.3142
3	0.9783	1.1017	1.2256	1.3589	1.4359
4	0.9853	1.1304	1.2479	1.3777	1.4685
5	0.9995	1.1392	1.2595	1.4024	1.4949
6	1.0052	1.1463	1.2719	1.4143	1.5104
7	1.0093	1.1537	1.2790	1.4246	1.5235
8	1.0135	1.1586	1.2848	1.4327	1.5324
9	1.0173	1.1624	1.2900	1.4388	1.5399
10	1.0202	1.1658	1.2941	1.4440	1.5461
11	1.0225	1.1688	1.2975	1.4484	1.5512
12	1.0246	1.1714	1.3005	1.4521	1.5555
13	1.0265	1.1736	1.3032	1.4553	1.5593
14	1.0282	1.1755	1.3055	1.4581	1.5626
15	1.0298	1.1773	1.3075	1.4606	1.5655
16	1.0311	1.1789	1.3093	1.4628	1.5680
17	1.0323	1.1803	1.3110	1.4648	1.5703
18	1.0335	1.1816	1.3125	1.4666	1.5724
19	1.0345	1.1828	1.3139	1.4683	1.5743
20	1.0355	1.1839	1.3151	1.4698	1.5760
21	1.0364	1.1849	1.3163	1.4712	1.5776
22	1.0373	1.1859	1.3174	1.4725	1.5790

n	α=.10	α=.05	α=.025	α=.01	α=.005
23	1.0381	1.1868	1.3184	1.4737	1.5804
24	1.0388	1.1876	1.3193	1.4748	1.5816
25	1.0395	1.1884	1.3202	1.4758	1.5829
26	1.0402	1.1891	1.3210	1.4768	1.5840
27	1.0407	1.1898	1.3218	1.4777	1.5849
28	1.0414	1.1904	1.3225	1.4786	1.5859
29	1.0419	1.1910	1.3232	1.4794	1.5868
30	1.0424	1.1916	1.3239	1.4801	1.5877
31	1.0429	1.1922	1.3245	1.4808	1.5885
32	1.0434	1.1928	1.3251	1.4815	1.5892
33	1.0438	1.1932	1.3256	1.4822	1.5899
34	1.0443	1.1937	1.3261	1.4828	1.5906
35	1.0447	1.1942	1.3267	1.4833	1.5913
36	1.0451	1.1946	1.3271	1.4839	1.5919
37	1.0454	1.1950	1.3276	1.4844	1.5925
38	1.0459	1.1954	1.3281	1.4850	1.5931
39	1.0462	1.1958	1.3285	1.4854	1.5936
40	1.0465	1.1962	1.3289	1.4859	1.5941
41	1.0469	1.1966	1.3293	1.4864	1.5946
42	1.0472	1.1969	1.3297	1.4868	1.5951
43	1.0475	1.1972	1.3301	1.4872	1.5956
44	1.0478	1.1975	1.3304	1.4876	1.5960
45	1.0480	1.1978	1.3307	1.4880	1.5964
46	1.0483	1.1981	1.3310	1.4883	1.5968
47	1.0486	1.1984	1.3314	1.4887	1.5972
48	1.0489	1.1987	1.3317	1.4891	1.5976
49	1.0491	1.1990	1.3320	1.4894	1.5980
50	1.0494	1.1992	1.3323	1.4897	1.5983
60	1.0514	1.2015	1.3347	1.4924	1.6013
70	1.0530	1.2032	1.3366	1.4945	1.6036
80	1.0543	1.2045	1.3381	1.4962	1.6054
90	1.0553	1.2057	1.3393	1.4976	1.6069
100	1.0563	1.2067	1.3403	1.4987	1.6081

参考文献

乱数に関する文献の数は膨大である．ここでは，本書を執筆する際に参考にした文献のうちで主なものだけを挙げる．しかし，本書に盛り込まれているのは，それらの内容のうちのほんのわずかに過ぎない．特に“乱数とは何か？”という問題に対しては一切ふれることができなかったが，この問題に興味がある読者は，[9]，[42]，[43]，[44]，[83]，[84]，[105] 等を参照するとよい．また，乱数に関する話題全体については [9] が良い参考文献であり，各種の分布に従う乱数の発生法に関しては，L. Devroye の大著 [4] がきわめて多くの話題を扱っている．

I．単行本

[1] Abramowitz, M. and Stegun, I. A. (Eds.) (1964): *Handbook of Mathematical Functions with Formulas, Graphs, and Mathematical Tables.* National Bureau of Standards, Washington, D. C.

[2] Bratley, P., Fox, B. L., and Schrage, L. E. (1987): *A Guide to Simulation,* 2nd Ed. Springer-Verlag, New York.

[3] Dagpunar, J. (1988): *Principles of Random Variate Generation.* Oxford University Press, Oxford.

[4] Devroye, L. (1986) : *Non-Uniform Random Variate Generation.* Springer-Verlag, New York.

[5] Fishman, G. S. (1978) : *Principles of Discrete Event Simulation.* John Wiley & Sons, New York.

[6] Golomb, S. W. (1967) : *Shift Register Sequences.* Holden-Day, San Francisco.

[7] 柏木　潤（編）(1986)：M 系列を用いる乱数発生の研究（科学研究費補助金研究成果報告書).

[8] Kennedy, W. J., Jr. and Gentle, J. E. (1980) : *Statistical Computing.* Marcel Dekker, New York.

[9] Knuth, D. E. (1981) : *The Art of Computer Programming, Vol. 2 : Seminumerical Algorithms,* 2nd Ed. Addison-Wesley, Reading, Mass. [渋谷政昭（訳）(1981)：準数値算法／乱数. サイエンス社.]

[10] Maindonald, J. H. (1984) : *Statistical Computation.* John Wiley & Sons, New York.

[11] Ripley, B. D. (1987) : *Stochastic Simulation.* John Wiley & Sons, New York.

[12] Rubinstein, R. Y. (1981) : *Simulation and the Monte Carlo Method.* John Wiley & Sons, New York.

[13] 渋谷政昭（編）(1983)：乱数プログラム・パッケージ（数理解析研究所講究録 498). 京都大学数理解析研究所.

[14] 清水良一 (1976)：中心極限定理（シリーズ新しい応用の数学 14). 教育出版.

[15] 山内二郎（編）(1972)：統計数値表. 日本規格協会.

Ⅱ. 論文

[16] Ahrens, J. H. and Dieter, U. (1972) : Computer

methods for sampling from the exponential and normal distributions. *Commun. Assoc. Comput. Mach.* **15**, 873-882.

[17] Ahrens, J. H. and Dieter, U. (1973) : Extensions of Forsythe's method for random sampling from the normal distribution. *Math. Comput.* **27**, 927-937.

[18] Ahrens, J. H. and Dieter, U. (1974) : Computer methods for sampling from gamma, beta, Poisson and binomial distributions. *Computing* **12**, 223-246.

[19] Ahrens, J. H. and Dieter, U. (1980) : Sampling from binomial and Poisson distributions: a method with bounded computation times. *Computing* **25**, 193-208.

[20] Ahrens, J. H. and Dieter, U. (1982) : Computer generation of Poisson deviates from modified normal distributions. *ACM Trans. Math. Software* **8**, 163-179.

[21] Ahrens, J. H. and Dieter, U. (1982) : Generating gamma variates by a modified rejection technique. *Commun. Assoc. Comput. Mach.* **25**, 47-54.

[22] Ahrens, J. H. and Dieter, U. (1985) : Sequential random sampling. *ACM Trans. Math. Software* **11**, 157-169.

[23] Arvillias, A. C. and Maritsas, D. G. (1978) : Partitioning the period of a class of m-sequences and application to pseudorandom number generation. *J. Assoc. Comput. Mach.* **25**, 676-686.

[24] Atkinson, A. C. (1977) : An easily programmed al-

gorithm for generating gamma random variables. *J. R. Statist. Soc.* **A140**, 232–234.

[25] Atkinson, A. C. (1979) : A family of switching algorithms for the computer generation of beta random variables. *Biometrika* **66**, 141–145.

[26] Atkinson, A. C. (1979) : The computer generation of Poisson random variables. *Appl. Statist.* **28**, 29–35.

[27] Atkinson, A. C. (1979) : Recent developments in the computer generation of Poisson random variables. *Appl. Statist.* **28**, 260–263.

[28] Atkinson, A. C. (1980) : Tests of pseudo-random numbers. *Appl. Statist.* **29**, 164–171.

[29] Atkinson, A. C. and Pearce, M. C. (1976) : The computer generation of beta, gamma, and normal random variables. *J. R. Statist. Soc.* **A139**, 431–461.

[30] Atkinson, A. C. and Whittaker, J. (1976) : A switching algorithm for the generation of beta random variables with at least one parameter less than 1. *J. R. Statist. Soc.* **A139**, 462–467.

[31] Bays, C. and Durham, S. D. (1976) : Improving a poor random number generator. *ACM Trans. Math. Software* **2**, 59–64.

[32] Bentley, J. L. and Saxe, J. B. (1980) : Generating sorted lists of random numbers. *ACM Trans. Math. Software* **6**, 359–364.

[33] Best, D. J. (1978) : A simple algorithm for the computer generation of random samples from a Stu-

dent's t or symmetric beta distribution. In *COMSTAT 1978* (ed. L. C. A. Corsten and J. Hermans), Physica Verlag, Wien, 341-347.

[34] Beyer, W. A., Roof, R. B., and Williamson, D. (1971) : The lattice structure of multiplicative congruential pseudo-random vectors. *Math. Comput.* **25**, 345-363.

[35] Bissell, A. F. (1986) : Ordered random selection without replacement. *Appl. Statist.* **35**, 73-75.

[36] Box, G. E. P. and Muller, M. E. (1958) : A note on the generation of random normal deviates. *Ann. Math. Statist.* **29**, 610-611.

[37] Brent, R. P. (1974) : A Gaussian pseudo-random number generator. *Commun. Assoc. Comput. Mach.* **17**, 704-706.

[38] Bright, H. S. and Enison, R. L. (1979) : Quasi-random number sequences from a long-period TLP generator with remarks on application to cryptography. *Computing Surveys* **11**, 357-370.

[39] Brown, M. and Bromberg, J. (1984) : An efficient two-stage procedure for generating random variates from the multinomial distribution. *Am. Statist.* **38**, 216-218.

[40] Brown, M. and Solomon, H. (1979) : On combining pseudo-random number generators. *Ann. Statist.* **7**, 691-695.

[41] Butcher, J. C. (1961) : A partition test for pseudo-random numbers. *Math. Comput.* **15**, 198-199.

[42] Chaitin, G. T. (1966) : On the length of programs

for computing finite binary sequences. *J. Assoc. Comput. Mach.* **13**, 547-569.

[43] Chaitin, G. T. (1969) : On the length of programs for computing finite binary sequences: statistical considerations. *J. Assoc. Comput. Mach.* **16**, 145-159.

[44] Chaitin, G. T. (1977) : Algorithmic information theory. *IBM J. Res. Develop.* **21**, 350-359.

[45] Chay, S. C., Fardo, R. D., and Mazumdar, M. (1975) : On using the Box-Muller transformation with multiplicative congruential pseudo-random number generators. *Appl. Statist.* **24**, 132-135.

[46] Cheng, R. C. H. (1977) : The generation of gamma variables with nonintegral shape parameter. *Appl. Statist.* **26**, 71-75.

[47] Cheng, R. C. H. (1978) : Generating beta variates with nonintegral shape parameters. *Commun. Assoc. Comput. Mach.* **21**, 317-322.

[48] Cheng, R. C. H. (1984) : Generation of inverse Gaussian variates with given sample mean and dispersion. *Appl. Statist.* **33**, 309-316.

[49] Cheng, R. C. H. and Feast, G. M. (1979) : Some simple gamma variate generators. *Appl. Statist.* **28**, 290-295.

[50] Cheng, R. C. H. and Feast, G. M. (1980) : Gamma variate generators with increased shape parameter range. *Commun. Assoc. Comput. Mach.* **23**, 389-394.

[51] Coveyou, R. R. and MacPherson, R. D. (1967) :

Fourier analysis of uniform random number generators. *J. Assoc. Comput. Mach.* **14**, 100-119.

[52] Dieter, U. (1971) : Pseudo-random numbers: the exact distribution of pairs. *Math. Comput.* **25**, 855-883.

[53] Dieter, U. (1972) : Statistical interdependence of pseudo-random numbers generated by the linear congruential method. In *Applications of Number Theory to Numerical Analysis* (ed. S. K. Zaremba), Academic Press, New York, 287-318.

[54] Dieter, U. (1975) : How to calculate shortest vectors in a lattice. *Math. Comput.* **29**, 827-833.

[55] Fishman, G. S. (1976) : Sampling from the gamma distribution on a computer. *Commun. Assoc. Comput. Mach.* **19**, 407-409.

[56] Fishman, G. S. (1979) : Sampling from the binomial distribution on a computer. *J. Am. Statist. Assoc.* **74**, 418-423.

[57] Forsythe, G. E. (1972) : Von Neumann's comparison method for random sampling from the normal and other distributions. *Math. Comput.* **26**, 817-826.

[58] Fushimi, M. (1983) : Increasing the orders of equidistribution of the leading bits of the Tausworthe sequence. *Inform. Process. Let.* **16**, 189-192.

[59] 伏見正則 (1983) : M 系列に基づく乱数発生法に関する相反定理とその応用. 情報処理学会論文誌 **24**, 576-579.

[60] Fushimi, M. (1988)：Designing a uniform random number generator whose subsequences are k-distributed. *SIAM J. Comput.* **17**, 89-99.

[61] 伏見正則, 手塚　集 (1981)：多次元分布が一様な擬似乱数列の生成法. 応用統計学 **10**, 151-163.

[62] Fushimi, M. and Tezuka, S. (1983)：The k-distribution of generalized feedback shift register pseudorandom numbers. *Commun. Assoc. Comput. Mach.* **26**, 516-523.

[63] Gerontidis, I. and Smith, R. L. (1982)：Monte Carlo generation of order statistics from general distributions. *Appl. Statist.* **31**, 238-243.

[64] Gonzalez, T., Sahni, S., and Franta, W. R. (1977)：An efficient algorithm for the Kolmogorov-Smirnov and Lilliefors tests. *ACM Trans. Math. Software* **3**, 60-64.

[65] Greenwood, A. J. (1974)：A fast generator for gamma-distributed random variables. In *COMSTAT 1974* (ed. G. Bruckmann *et al.*), Physica Verlag, Wien, 19-27.

[66] Gruenberger, F. and Mark, A. M. (1951)：The d^2 test of random digits. *Math. Tables Other Aids Comput.* **5**, 109-110.

[67] Gurainik, G., Zemach, C., and Warnock, T. (1985)：An algorithm for uniform random sampling of points in and on a hypersphere. *Inform. Process. Let.* **21**, 17-21.

[68] Hopkins, T. R. (1983)：Algorithm AS193. A revised algorithm for the spectral test. *Appl. Statist.*

32, 328-335.

[69] Houle, P. A. (1982) : Comment on gamma deviate generation. *Commun. Assoc. Comput. Mach.* **25**, 747-748.

[70] 今井　徹, 伏見正則 (1985) : 部分列の多次元均等分布が保証された擬似乱数の発生法. 情報処理学会論文誌 **26**, 454-458.

[71] Kachitvichyanukul, V. and Schmeiser, B. W. (1988) : Binomial random variate generation. *Commun. Assoc. Comput. Mach.* **31**, 216-222.

[72] Kallman, R. (1977) : Algorithm 519. Three algorithms for computing Kolmogorov-Smirnov probabilities with arbitrary boundaries and a certification of Algorithm 487. *ACM Trans. Math. Software* **3**, 285-294.

[73] 柏木　潤 (1982) : M 系列による TLP 乱数の二, 三の性質. 計測自動制御学会論文集 **18**, 828-832.

[74] Kawarasaki, J. and Sibuya, M. (1982) : Random numbers for simple random sampling without replacement. *Keio Mathematical Seminar Reports* **7**, 1-9.

[75] Kemp, A. W. (1981) : Efficient generation of logarithmically distributed pseudo-random variables. *Appl. Statist.* **30**, 249-253.

[76] Kendall, M. G. and Babington-Smith, B. (1938) : Randomness and random sampling numbers. *J. R. Statist. Soc.* **101**, 147-166.

[77] Kendall, M. G. and Babington-Smith, B. (1939) : Second paper on random sampling numbers. *J. R.*

Statist. Soc. **6** (Suppl.), 51-61.

[78] Kinderman, A. J. and Monahan, J. F. (1977): Computer generation of random variables using the ratio of uniform deviates. *ACM Trans. Math. Software* **3**, 257-260.

[79] Kinderman, A. J. and Monahan, J. F. (1980): New methods for generating Student's t and gamma variables. *Computing* **25**, 367-377.

[80] Kinderman, A. J. and Ramage, J. G. (1976): Computer generation of normal random variables. *J. Am. Statist. Assoc.* **71**, 893-896.

[81] Kinderman, A. J., Monahan, J. F., and Ramage, J. G. (1977): Computer methods for sampling from Student's t distribution. *Math. Comput.* **31**, 1009-1018.

[82] Kingman, J. F. C. (1984): Probability and random processes——present position and potential developments: some personal views. *J. R. Statist. Soc.* **A147**, 233-244.

[83] Kolmogorov, A. N. (1963): On tables of random numbers. *Sankhya* **A25**, 369-376.

[84] Kolmogorov, A. N. (1968): Logical basis for information theory and probability theory. *IEEE Trans. Inf. Theory* **IT-14**, 662-664.

[85] Koopman, R. F. (1986): The orders of equidistribution of subsequences of some asymptotically random sequences. *Commun. Assoc. Comput. Mach.* **29**, 802-806.

[86] Kronmal, R. A. and Peterson, A. V. (1979): On

the alias method for generating random variables from a discrete distribution. *Am. Statist.* **33**, 214-218.

[87] Kronmal, R. A. and Peterson, A. V. (1981) : A variant of the acceptance-rejection method for computer generation of random variables. *J. Am. Statist. Assoc.* **76**, 446-451.

[88] Lawal, H. B. (1980) : Tables of percentage points of Pearson's goodness-of-fit statistic for use with small expectations. *Appl. Statist.* **29**, 292-298.

[89] Levene, H. and Wolfowitz, J. (1944) : The covariance matrix of runs up and down. *Ann. Math. Statist.* **15**, 58-69.

[90] Lewis, J. G. and Payne, W. H. (1973) : Generalized feedback shift register pseudo-random number algorithm. *J. Assoc. Comput. Mach.* **20**, 456-468.

[91] Maclaren, M. D. and Marsaglia, G. (1965) : Uniform random number generators. *J. Assoc. Comput. Mach.* **12**, 83-89.

[92] Maclaren, M. D., Marsaglia, G., and Bray, T. A. (1964) : A fast procedure for generating exponential random variables. *Commun. Assoc. Comput. Mach.* **7**, 298-300.

[93] Marsaglia, G. (1961) : Generating exponential random variables. *Ann. Math. Statist.* **32**, 899-900.

[94] Marsaglia, G. (1963) : Generating discrete random variables in a computer. *Commun. Assoc. Comput. Mach.* **6**, 37-38.

[95] Marsaglia, G. (1964) : Generating a variable from

the tail of the normal distribution. *Technometrics* **6**, 101-102.

[96] Marsaglia, G. (1968) : Random numbers fall mainly in the planes. *Proc. Natl. Acad. Sci. USA* **61**, 25-28.

[97] Marsaglia, G. (1972) : The structure of linear congruential sequences. In *Applications of Number Theory to Numerical Analysis* (ed. S. K. Zaremba), Academic Press, New York, 249-285.

[98] Marsaglia, G. (1980) : Generating random variables with a *t*-distribution. *Math. Comput.* **34**, 235-236.

[99] Marsaglia, G. (1984) : A current view of random generators. In *Proc. 16th Symposium on the Interface of Computer Science and Statistics* (ed. L. Billard), Elsevier, Amsterdam, 3-10.

[100] Marsaglia, G. (1984) : The exact-approximation method for generating random variables in a computer. *J. Am. Statist. Assoc.* **79**, 218-221.

[101] Marsaglia, G., Ananthanarayanan K., and Paul, N. J. (1976) : Improvements on fast methods for generating normal random variables. *Inform. Process. Let.* **5**, 27-30.

[102] Marsaglia, G. and Bray, T. A. (1964) : A convenient method for generating normal variables. *SIAM Rev.* **6**, 260-264.

[103] Marsaglia, G., Maclaren, M. D., and Bray, T. A. (1964) : A fast procedure for generating normal random variables. *Commun. Assoc. Comput. Mach.* **7**, 4-10.

[104] Marsaglia, G. and Tsang, W. W. (1984) : A fast, easily implemented method for sampling from decreasing or symmetric unimodal density functions. *SIAM J. Sci. Stat. Comput.* **5**, 349-359.

[105] Martin-Löf, P. (1966) : The definition of random sequences. *Inf. Control* **9**, 602-619.

[106] Massey, F. J., Jr. (1951) : The Kolmogorov-Smirnov test of goodness of fit. *J. Am. Statist. Assoc.* **46**, 68-78.

[107] Mcleod, A. I. and Bellhouse, D. R. (1983) : A convenient algorithm for drawing a simple random sample. *Appl. Statist.* **32**, 182-184.

[108] Monahan, J. F. (1987) : An algorithm for generating chi random variables. *ACM Trans. Math. Software* **13**, 168-172.

[109] Neave, H. R. (1973) : On Using the Box-Muller transformation with multiplicative congruential pseudo-random number generators. *Appl. Statist.* **22**, 92-97.

[110] Niederreiter, H. (1972) : On the distribution of pseudo-random numbers generated by the linear congruential method. *Math. Comput.* **26**, 793-795.

[111] Niederreiter, H. (1974) : On the distribution of pseudo-random numbers generated by the linear congruential method, II. *Math. Comput.* **28**, 1117-1132.

[112] Niederreiter, H. (1976) : On the distribution of pseudo-random numbers generated by the linear congruential method, III. *Math. Comput.* **30**, 571-

597.

[113] Niederreiter, H. (1977): Pseudo-random numbers and optimal coefficients. *Advances in Math.* **26**, 99–181.

[114] Niederreiter, H. (1978): The serial test for linear congruential pseudo-random numbers. *Bull. Amer. Math. Soc.* **84**, 273–274.

[115] Niederreiter, H. (1978): Quasi-Monte Carlo methods and pseudo-random numbers. *Bull. Amer. Math. Soc.* **84**, 957–1041.

[116] Nigam, A. K. and Gupta, V. K. (1984): A method of sampling with equal or unequal probabilities without replacement. *Appl. Statist.* **33**, 227–229.

[117] Niki, N. (1979): Multi-folding the normal distribution and mutual transformation between uniform and normal random variables. *Ann. Inst. Statist. Math.* **31**, 125–140.

[118] Payne, W. H. (1977): Normal random numbers: using machine analysis to choose the best algorithm. *ACM Trans. Math. Software* **3**, 346–358.

[119] Peterson, A. V., Jr. and Kronmal, R. A. (1983): Analytic comparison of three general-purpose methods for the computer generation of discrete random variables. *Appl. Statist.* **32**, 276–286.

[120] Rabinowitz, M. and Berenson, M. L. (1974): A comparison of various methods of obtaining random order statistics for Monte-Carlo computations. *Am. Statist.* **28**, 27–29.

[121] Rubinstein, R. Y. (1982): Generating random vectors uniformly distributed inside and on the surface of different regions. *European Journal of Operational Research* **10**, 205-209.

[122] Sahai, H. (1979): A supplement to Sowey's bibliography on random number generation and related topics. *J. Statist. Comput. Simul.* **10**, 31-52.

[123] 斎藤隆文, 伏見正則, 今井 徹 (1985): 多数項の原始多項式に基づくM系列乱数の高速発生法. 情報処理学会論文誌 **26**, 148-152.

[124] Sakasegawa, H. (1978): On a generation of normal pseudo-random numbers. *Ann. Inst. Statist. Math.* **30**, 271-279.

[125] 逆瀬川浩孝 (1981): モンテカルロシミュレーション——乱数の発生・変換とRegenerative Simulation. 応用統計学 **10**, 3-21.

[126] Sakasegawa, H. (1983): Stratified rejection and squeeze method for generating beta random numbers. *Ann. Inst. Statist. Math.* **35B**, 291-302.

[127] Schmeiser, B. W. (1980): Generation of variates from distribution tails. *Operat. Res.* **28**, 1012-1017.

[128] Schmeiser, B. W. and Babu, A. J. G. (1980): Beta variate generation via exponential majorizing functions. *Operat. Res.* **28**, 917-926.

[129] Schmeiser, B. W. and Lal, R. (1980): Squeeze methods for generating gamma variates. *J. Am. Statist. Assoc.* **75**, 679-682.

[130] Schmeiser, B. W. and Shalaby, M. A. (1980): Ac-

ceptance/rejection methods for beta variate generation. *J. Am. Statist. Assoc.* **75**, 673-678.

[131] Schrage, L. (1979) : A more portable FORTRAN random number generator. *ACM Trans. Math. Software* **5**, 132-138.

[132] Sibuya, M. (1961) : On exponential and other random variable generators. *Ann. Inst. Statist. Math.* **13**, 231-237.

[133] Sibuya, M. (1962) : A method for generating uniformly distributed points on n-dimensional spheres. *Ann. Inst. Statist. Math.* **14**, 81-85.

[134] Sibuya, M. (1962) : Further consideration on normal random variable generator. *Ann. Inst. Statist. Math.* **14**, 159-165.

[135] Sibuya, M. (1979) : Generalized hypergeometric, digamma and trigamma distributions. *Ann. Inst. Statist. Math.* **A31**, 373-390.

[136] Sowey, E. R. (1972) : A chronological and classified bibliography on random number generation and testing. *Int. Statist. Rev.* **40**, 355-371.

[137] Sowey, E. R. (1978) : A second classified bibliography on random number generation and testing. *Int. Statist. Rev.* **46**, 89-101.

[138] Tadikamalla, P. R. (1978) : Computer generation of gamma random variables. *Commun. Assoc. Comput. Mach.* **21**, 419-422.

[139] Tadikamalla, P. R. (1978) : Computer generation of gamma random variables—Ⅱ. *Commun. Assoc. Comput. Mach.* **21**, 925-928.

[140] Tausworthe, R. C. (1965) : Random numbers generated by linear recurrence modulo two. *Math. Comput.* **19**, 201-209.

[141] Tootill, J. P. R., Robinson, W. D., and Adams, A. G. (1971) : The runs up-and-down performance of Tausworthe pseudo-random number generators. *J. Assoc. Comput. Mach.* **18**, 381-399.

[142] Tootill, J. P. R., Robinson, W. D., and Eagle, D. J. (1973) : An asymptotically random Tausworthe sequence. *J. Assoc. Comput. Mach.* **20**, 469-481.

[143] Ulrich, G. (1984) : Computer generation of distributions on the *m*-sphere. *Appl. Statist.* **33**, 158-163.

[144] Vitter, J. S. (1984) : Faster methods for random sampling. *Commun. Assoc. Comput. Mach.* **27**, 703-718.

[145] Vitter, J. S. (1985) : Random sampling with a reservoir. *ACM Trans. Math. Software* **11**, 37-57.

[146] Vitter, J. S. (1987) : An efficient algorithm for sequential random sampling. *ACM Trans. Math. Software* **13**, 58-67.

[147] Walker, A. J. (1977) : An efficient method for generating discrete random variables with general distributions. *ACM Trans. Math. Software* **3**, 253-256.

[148] Wallace, N. D. (1974) : Computer generation of gamma random variates with non-integral shape parameters. *Commun. Assoc. Comput. Mach.* **17**, 691-695.

[149] Wichmann, B. A. and Hill, I. D. (1982)：Algorithm AS183. An efficient and portable pseudo-random number generator. *Appl. Statist.* **31**, 188-190.

[150] Wichmann, B. A. and Hill, I. D. (1984)：Correction to algorithm AS183. An efficient and portable pseudo-random number generator. *Appl. Statist.* **33**, 123.

[151] Wilkie, D. (1983)：Rayleigh test for randomness of circular data. *Appl. Statist.* **32**, 311-312.

[152] Zierler, N. and Brillhart, J. (1968)：On primitive trinomials (mod 2). *Inf. Control* **13**, 541-554.

[153] Zierler, N. and Brillhart, J. (1969)：On primitive trinomials (mod 2) Ⅱ. *Inf. Control* **14**, 566-569.

文庫版あとがき

世の中には不確実な現象が多数ある．これらをコンピュータによる実験（シミュレーション）で分析するための道具として乱数が使われる．また，不確実性のない確定的な問題でも，複雑・大規模で数式で表現できないか，表現できたとしても厳密な数式による解が求められない場合にも，乱数を使った実験によって近似的な解を求めることが多い．

コンピュータの計算速度や記憶容量などの性能が低かった時代には，乱数の生成法としては線形合同法が標準的なものであった．しかし，コンピュータの性能が向上して大規模な計算が行われるようになると，使える乱数の個数が少ない，高次元の（変数の数が多い）問題に不向きである等の線形合同法の欠点が指摘されるようになった．

これらの欠点を克服すべく様々な研究・提案が行われてきたが，本書では第1章の2.2節でいわゆるM系列を使って乱数を生成する方法について詳しく述べた．筆者自身も，この分野の研究でいくつかの論文やアルゴリズムを発表した．これに基づくプログラムが米国に本拠を置くIMSL（International Mathematics and Statistics Library）

社のソフトウェア・パッケージに採用され，またプログラム言語 C などにも導入されて，世の中に貢献することができた.

本書が東京大学出版会から出版されたのは 1989 年であるから，その後も色々な研究成果が発表されているが，その中で特筆すべきはメルセンヌ・ツイスター（Mersenne Twister）であろう．これは M 系列乱数に‘ひねり’を施すことによって，生成される乱数列の周期と使用できる次元を飛躍的に拡大したものであり，表計算システム Excel や統計解析ソフト R などに採用されている．詳細については，それぞれのソフトウェアの説明などを参照するとよい.

大多数の乱数利用者にとっては，ふつうは既存のソフトウェアをブラック・ボックスとして使用するので十分であろう．しかしながら，計算結果が思わしくない時などには，乱数生成ソフトウェアの内部についても検討してみる必要があるかもしれない．それを契機として，新しいアルゴリズムやソフトウェアが生まれることになると，大変に喜ばしい．そのような場合などに，復刊された本書が役に立つことを願っている．温故知新！

2023 年 9 月

伏見 正則

索　引

サ　行

タ　行

ナ　行

本書は一九八九年三月二五日、東京大学出版会より刊行された。文庫化にあたり、若干の修正を施した。

オイラー博士の素敵な数式
ポール・J・ナーイン
小山信也訳
数学史上最も偉大で美しい式を無限級数の和やフーリエ変換、ディラック関数などの歴史的側面を説明した後、計算式を用い丁寧に解説した入門書。

遊歴算家・山口和「奥の細道」をゆく
鳴海風
高山ケンタ・画
全国を旅し数学を教えた山口和。彼の道中日記をもとに数々のエピソードや数学愛好者の思いを描いた和算時代小説。文庫オリジナル。（上野健爾）

不完全性定理
野﨑昭弘
事実・推論・証明……。理屈っぽいとケムたがられる話題を、なるほどと納得させながら、ユーモアたっぷりにひもといたゲーデルへの超入門書。

数学的センス
野﨑昭弘
美しい数学とは詩なのです。いまさら数学者にはなれないけれどそれを楽しめたら……。そんな期待に応えてくれる心やさしいエッセイ風数学再入門。

高等学校の確率・統計
黒田孝郎／森毅／小島順／野﨑昭弘ほか
成績の平均や偏差値はおなじみでも、実務の水準とは隔たりが！　基礎からやり直したい人のために伝説の検定教科書を指導書付きで復活。

高等学校の基礎解析
黒田孝郎／森毅／小島順／野﨑昭弘ほか
わかってしまえば日常感覚に近いものながら、数学挫折のきっかけの微分・積分。その基礎を丁寧にひもといた再入門のための検定教科書第2弾！

高等学校の微分・積分
黒田孝郎／森毅／小島順／野﨑昭弘ほか
高校数学のハイライト「微分・積分」！　その入門コース『基礎解析』に続く本格コース。公式暗記の学習からほど遠い、特色ある教科書の文庫化第3弾。

算数・数学24の真珠
野﨑昭弘
算数・数学には基本中の基本〈真珠〉となる考え方がある。ゼロ、円周率、＋と－、無限……。数学のエッセンスを優しい語り口で説く。（亀井哲治郎）

数学の楽しみ
テオニ・パパス
安原和見訳
ここにも数学があった！　石鹸の泡、くもの巣、雪片曲線、一筆書きパズル、魔方陣、ＤＮＡらせん……。イラストも楽しい数学入門１５０篇。

飛行機物語　鈴木真二

なぜ金属製の重い機体が自由に空を飛べるのか？その工学と技術を、リリエンタール、ライト兄弟などのエピソードをまじえ歴史的にひもとく。

なめらかな社会とその敵　鈴木健

近代の根本的なバージョンアップを構想した画期的著作、ついに文庫化！　複雑な世界を複雑なまま生きることはいかにして可能か。本書は今こそ新しい。

集合論入門　赤攝也

「ものの集まり」という素朴な概念が生んだ奇妙な世界、集合論。部分集合・空集合などの基礎から、丁寧な叙述で連続体や順序数の深みへと誘う。

確率論入門　赤攝也

ラプラス流の古典確率論とボレル‐コルモゴロフ流の現代確率論。両者の関係性を意識しつつ、確率の基礎概念と数理を多数の例とともに丁寧に解説。

現代の初等幾何学　赤攝也

ユークリッドの平面幾何を公理的に再構成するには？　現代数学の考え方に触れつつ、幾何学が持つ面白さも体感できるよう初学者への配慮溢れる一冊。

現代数学概論　赤攝也

初学者には抽象的でとっつきにくい〈現代数学〉。「集合」「写像とグラフ」「群論」「数学的構造」といった基本的概念を手掛かりに概説した入門書。

数学と文化　赤攝也

諸科学や諸技術の根幹を担う数学、また「論理的・体系的な思考」を培う数学。この数学とは何ものなのか？　数学の思想と文化を究明する入門概説。

微積分入門　W・W・ソーヤー　小松勇作訳

微積分の考え方は、日常生活のなかから自然に出てくるもの。∫やlimの記号を使わず、具体例に沿って説明した定評ある入門書。（瀬山士郎）

新式算術講義　高木貞治

算術は現代でいう数論。数の自明を疑わない明治の読者にその基礎を当時の最新学説で説く。「解析概論」の著者若き日の意欲作。（高瀬正仁）

ゲルファント やさしい数学入門 座標法
ゲルファント／グラゴレヴァ／キリロフ
坂本實 訳
座標は幾何と代数の世界をつなぐ重要な概念。数直線のおさらいから四次元の座標幾何までを、世界的数学者が丁寧に解説する。訳し下ろしの入門書。

ゲルファント やさしい数学入門 関数とグラフ
ゲルファント／グラゴレヴァ／シノール
坂本實 訳
数学でも「大づかみに理解する」ことは大事。グラフ化＝可視化は、関数の振る舞いをマクロに捉える強力なツールだ。世界的数学者による入門書。

解析序説
小林龍一／廣瀬健／佐藤總夫
自然や社会を解析するための、「活きた微積分」のセンスを磨く！ 差分・微分方程式までを丁寧にカバーした入門者向け学習書。（笠原晧司）

確率論の基礎概念
A・N・コルモゴロフ
坂本實 訳
確率論の現代化に決定的な影響を与えた『確率論の基礎概念』に加え、有名な論文「確率論における解析的方法について」を併録。全篇新訳。

物理現象のフーリエ解析
小出昭一郎
熱・光・音の伝播から量子論まで、振動・波動にもとづく物理現象とフーリエ変換の関わりを丁寧に解説。物理学の泰斗による名教科書。（千葉逸人）

ガロワ正伝
佐々木力
最大の謎、決闘の理由がついに明かされる！ 難解なガロワの数学思想をひもといた後世の数学者たちにも迫った、文庫版オリジナル書き下ろし。

ブラックホール
佐藤文隆／R・ルフィーニ
相対性理論から浮かび上がる宇宙の「穴」。星と時空の謎に挑んだ物理学者たちの奮闘の歴史と今日的課題に迫る。写真・図版多数。

はじめてのオペレーションズ・リサーチ
齊藤芳正
問題を最も効率よく解決するための科学的意思決定の手法。当初は軍事作戦計画として創案されたが、現在では経営科学等多くの分野で用いられている。

システム分析入門
齊藤芳正
意思決定の場に直面した時、問題を解決し目標を達成する多くの手段から、最適な方法を選択するための論理的思考。その技法を丁寧に解説する。

ちくま学芸文庫

乱数（らんすう）

二〇二三年十月十日　第一刷発行

著　者　伏見正則（ふしみ・まさのり）
発行者　喜入冬子
発行所　株式会社　筑摩書房
東京都台東区蔵前二—五—三　〒一一一—八七五五
電話番号　〇三—五六八七—二六〇一（代表）
装幀者　安野光雅
印刷所　大日本法令印刷株式会社
製本所　株式会社積信堂

ISBN978-4-480-51214-7 C0141